진짜진 킨더 사고력 수학

(A) 수

여수미 지음 | 신대관 그림

《진짜진짜 킨더 사고력수학》은
열한 명의 어린이 친구들이 먼저 체험해보았으며
현직 교사들로 구성된 엄마 검토 위원들이 검수에 참여하였습니다.

어린이 사전 체험단

길로희, 김단아, 김주완, 김지호, 박주원, 서현우, 오한빈, 이서윤, 조윤지, 조항리, 허제니

엄마 검토 위원 (현직 교사)

임현정(서울대 졸), 최우리(서울대 졸), 박정은(서울대 졸),

강혜미, 김동희, 김명진, 김미은, 김민주, 김빛나라, 김윤희, 박아영, 서주희, 심주완, 안효선, 양주연, 유민, 유창석, 유채하,
이동림, 이상진, 이슬이, 이유린, 정공련, 정다운, 정미숙, 정예빈, 제갈공면, 최미순, 최사라, 한진진, 윤여진(럭스어학원 원장)

지은이 여수미

여수미 선생님은 서울대학교에서 학위를 마친 후, K.E.C 컨설팅 그룹에서 수학과 부원장을 역임하였습니다. 국내 및 해외 의대 진학과 특목고 아이들을 위한 프로그램 개발 및 컨설팅을 담당하였고, 서울 강남에 있는 소마 사고력전문 수학학원에서 팀장 선생님으로 근무하였습니다. 현재는 시사 교육그룹의 럭스아카데미 수학과 총괄 주임으로 재직 중이며, 럭스공부연구소에서 사고력 수학 및 사고력 연산 교재를 활발히 집필하고 있습니다. 그동안 최상위권 자녀들을 지도해온 경험을 바탕으로 《진짜진짜 킨더 사고력수학》에 그간에 쌓아온 모든 노하우를 담아내었습니다. 대치동 영재 교육의 핵심인 '왜~?'에 집중하는 사고방식을 소중한 자녀와 함께 이 책을 풀어나가며 경험해보시길 바랍니다.

그린이 신대관

신대관 선생님은 M-Visual School에서 회화, 그래픽자인, 일러스트레이션을 공부했으며 현재 그림책 작가로 활동하고 있습니다. 개성 넘치는 캐릭터, 강렬한 컬러, 다양한 레이아웃을 추구합니다. 그동안 그린 책으로는 《플레이그라운드 플레이》,《뱅뱅 뮤직밴드》,《기분이 참 좋아》,《매직쉐이스》,《너티몽키》,《어디에 있을까》,《이솝우화》,《누가누가 숨었나》 등이 있습니다.

진짜진짜 킨더 사고력 수학 Ⓐ 수

초판 발행 2020년 9월 18일
지은이 여수미
그린이 신대관
펴낸이 엄태상
기획 한동오
디자인 박경미
엮은이 시소스터디 수학편집부
콘텐츠 제작 김선웅, 전진우, 김담이
마케팅 이승욱, 왕성석, 전한나, 정지혜, 노원준, 조인선, 조성민
경영지원 마정인, 최성훈, 정다운, 김다미, 오희연
제작 전태준
물류 정종진, 윤덕현, 양희은, 신승진
펴낸곳 시소스터디
주소 서울시 종로구 자하문로 300 시사빌딩
주문 및 문의 1588-1582
팩스 02-3671-0510
홈페이지 www.sisostudy.com
네이버 카페 시소공부클럽 cafe.naver.com/sisasiso
이메일 sisostudy@sisadream.com
등록일자 제2019년 12월 21일
등록번호 제2019-000149호
ISBN 979-11-970830-3-7 63410

머리말

5세 이전에는 수학을 '공부'하는 것보다는 일상에서 다양한 수 개념, 도형, 규칙 등을 자연스럽게 경험할 수 있도록 하는 것이 좋습니다. 반면 5세부터는 생활 속 수학을 다양한 교구와 주제에 맞는 문제 풀이를 통해 개념화시키고 반복학습하면 수학적 사고력과 문제 풀이 능력이 훨씬 높아질 수 있습니다.

이 책은 유아들이 수학을 배울 수 있는 영역을 수, 연산, 도형, 생활수학 4가지로 나누었고 학습 내용을 다양한 놀이 활동과 함께 제시했습니다.

이 책으로 아이들이 즐겁게 소통하며 수학 기본기를 쌓아 자신감을 갖고 누구나 수학 공부를 할 수 있다는 것을 경험해보면 좋겠습니다.

마지막으로 저도 아이를 낳아 기르게 되면서 엄마들이 수학 기관에 의지하지 않고 아이들과 집에서 수학 공부를 즐겁게 했으면 좋겠다는 생각이 들었습니다. 모든 엄마들이 수학을 쉽고 재미있게 가르칠 수 있다는 용기를 주고 싶습니다.

여 수 미

진짜진짜 킨더 사고력 수학을 소개합니다!

진짜진짜 킨더 사고력수학은

5세를 중심으로 4세부터 6세까지 수학을 접할 수 있도록 만든 유아 수학 입문서 입니다. 수학은 수와 공간에 대해 배우면서 논리 사고력과 추리력, 창의력을 키울 수 있는 과목입니다. 유아 때부터 수학을 즐겁게 접할 수 있다면 누구나 충분히 미래의 수학 영재가 될 수 있을 겁니다. 《진짜진짜 킨더 사고력수학》은 스스로 생각하며 문제를 해결하는 과정 자체를 즐길 수 있도록 만들었습니다.

시리즈 구성은 다음과 같습니다.
수학의 가장 기본인 **수**를 시작으로 수와 수의 관계인 **연산**을 배우고, 공간 감각을 익히는 **도형**, 마지막으로 생활 속에서 발견되는 수학 원리를 배우는 **생활수학**까지 이렇게 총 4권으로 구성했습니다.

Ⓐ 수   Ⓑ 연산   Ⓒ 도형   Ⓓ 생활수학

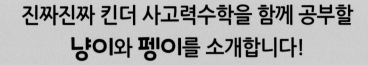

진짜진짜 킨더 사고력수학을 함께 공부할
냥이와 펭이를 소개합니다!

냥이와 **펭이**는 5살짜리 단짝 친구입니다.

진짜진짜 킨더 사고력수학을 공부하는 친구들과도 단짝이 될 수 있을 거예요.

이 둘은 여러분이 공부하며 어려움을 느낄 때 도움을 줄 거예요.

지루하거나, 공부하기 싫을 때 기운을 북돋아 주기도 할 거고요.

냥이

"내 모자의 숫자 1은 넘버원이란 뜻이야!
나는 뭐든 첫 번째로 하는 게 좋거든!"

나는 치즈케이크가 제일 맛있어. 아, 생각만 해도 침 고인다.

동생이랑 노는 것보다 펭이랑 노는 게 더 좋아.

펭이

"이거 볼래? 내 머리띠에는 주사위가 달려있어.
주로 냥이랑 게임 할 때 사용해!"

난 궁금한 게 생기면 친구나 엄마한테 꼭 물어봐.

엄마한테 고양이를 키우면 안 되냐고 했더니, 안 된대. 대신 냥이랑 자주 놀래.

5

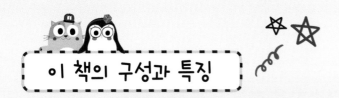

이 책의 구성과 특징

진짜진짜 킨더 사고력수학은 수, 연산, 도형, 생활수학이라는 권별 주제마다 하위 테마 4개 또는 5개가 구성되어 있습니다. 테마별로 열린 질문을 던지는 **생각 열기**, 핵심 개념을 이해하고 익히는 **개념 탐구**, 게임과 놀이 활동으로 수학에 친근해지는 **렛츠플레이(Let's Play)**, 마지막으로 복습하는 **확인 학습** 코너로 구성되어 있습니다. 중간 중간 **플러스업(Plus Up) 도전!** 코너가 있어 어린이 수학경시대회 문제를 체험할 수 있도록 했습니다.

생각 열기

열린 질문을 던지거나, 간단한 놀이 활동을 유도해서, 앞으로 전개될 수학 주제를 짐작할 수 있도록 소개하는 코너입니다.

개념 탐구

해당 수학 테마에서 반드시 알아야 하는 핵심 개념을 짚어보는 코너입니다.
핵심 개념을 완벽히 이해할 수 있도록 같은 개념을 다양한 유형의 문제로 제시하여 반복학습을 할 수 있습니다.

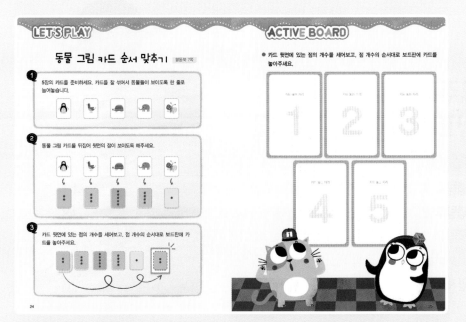

카드 게임부터 만들기 놀이까
지 다양한 놀이 활동으로 수학
을 배웁니다.

확인 학습

개념 탐구에서 배웠던 핵심 개
념들을 다양한 문제 풀이로 복
습하는 코너입니다.

PLUS-UP 도전!

어린이 수학경시 대회 문제를
체험해볼 수 있는 코너입니다.
난이도 높은 문제에 도전하며
성취감을 느끼고 실력도 배양
하는 것이 목표입니다.

우주나라
알파벳 행성, 숫자 별

학습 목표 0부터 5까지 수를 알아보고, 수의 순서와 개수를 익혀봅니다.

수 정글 탐험하기

학습 목표 0부터 10까지의 수 개념을 이해하고, 수를 세고 읽는 방법을 학습하며, 수의 양에 대한 감각을 익혀봅니다.

차례대로
유치원 버스 타기

학습 목표 위, 아래, 왼쪽, 오른쪽 등 방향에 따른 위치와 순서를 배우고 공간 감각을 키워봅니다.

별을 따자!

짝꿍을 만들어요!

첫 번째 생각 열기

우주나라 알파벳 행성, 숫자 별

우주 공간에 우주인 냥이와 행성이 있습니다.

행성에는 토끼가 살고 있어요.

행성에 토끼가 몇 마리인지 개수를 세고,

지도 안 행성에 1부터 5까지 수 스티커를 붙여보세요.

어? 띠를 두른 초록 행성에는 토끼가 한 마리도 없네요.

냥이의 지도에 어떤 수 스티커를 붙여야 할까요? 활동북 1쪽

아무것도 없는 상태도 수로 표현할 수 있을까요?

이제 냥이, 펭이와 함께 알아보도록 해요.

나는 냥이!

난 펭이야.

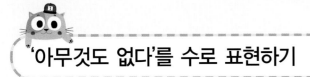

0에서 5까지의 수 알아보기

'아무것도 없다'를 수로 표현하기

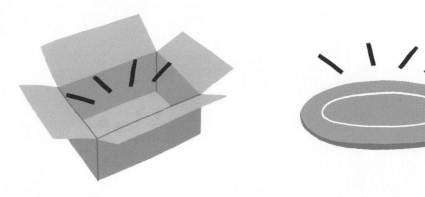

빈 상자, 빈 접시처럼 '셀 수 있는 것이 하나도 없다'는 걸 나타낼 때는
숫자 0을 쓰고, "영"이라고 읽어요.

0 영

가운데가 동그랗게 뚫려 있어.
도넛 모양 같기도 하고, 훌라후프 모양 같기도 해.

● 빈칸에 0을 따라 써보세요.

0	0	0	0	0	0	0

● 수를 읽는 방법과 개수를 읽는 방법을 익히고, 알맞은 개수대로 사과 스티커를 붙여주세요. 활동북 1쪽

수	읽어보세요.	숫자가 나타내는 개수만큼 사과 모양 스티커를 붙여주세요.
0	영	
1	일	
2	이	
3	삼	
4	사	
5	오	

● 1에서 5까지 수 쓰는 연습을 해보아요.

1, 2, 3은 연필을 떼지 않고 한 번에 쓸 수 있네?

1	1	1	1	1	1	1
2	2	2	2	2	2	2
3	3	3	3	3	3	3
4	4	4	4	4	4	4
5	5	5	5	5	5	5

● 아래 수에 해당하는 개수만큼 동그라미를 색칠해보세요.

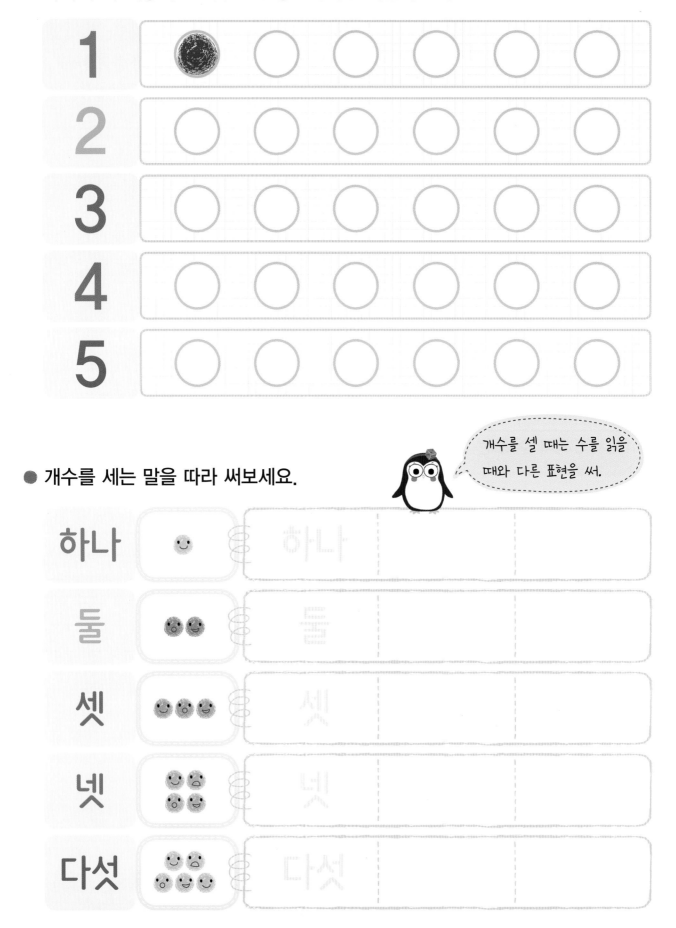

● 개수를 세는 말을 따라 써보세요.

개수를 셀 때는 수를 읽을 때와 다른 표현을 써.

● 각 수가 가리키는 개수만큼의 별을 색칠하세요.

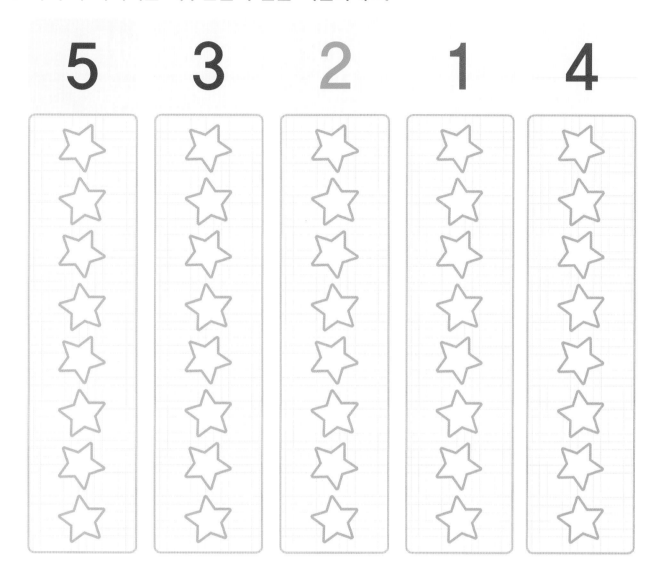

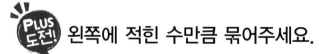
왼쪽에 적힌 수만큼 묶어주세요.

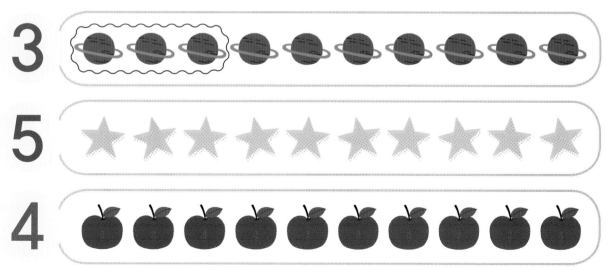

● 주어진 수만큼 빈칸을 색칠해보세요.

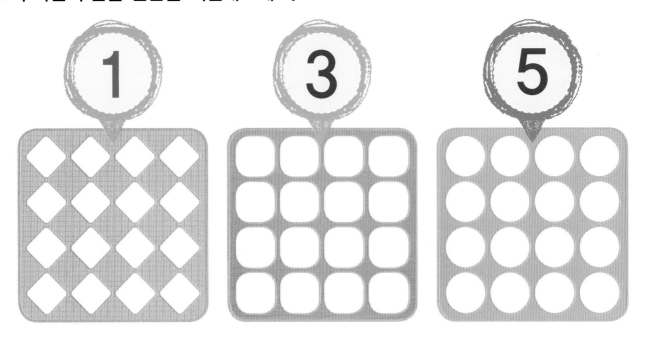

● 동물 친구들이 각각 몇 마리인지 세어보고, 알맞은 수와 한글을 써보세요.

● 연필의 개수를 세어 알맞은 수를 쓰고, 수를 읽는 한글 스티커도 붙여보세요.

활동북 1쪽

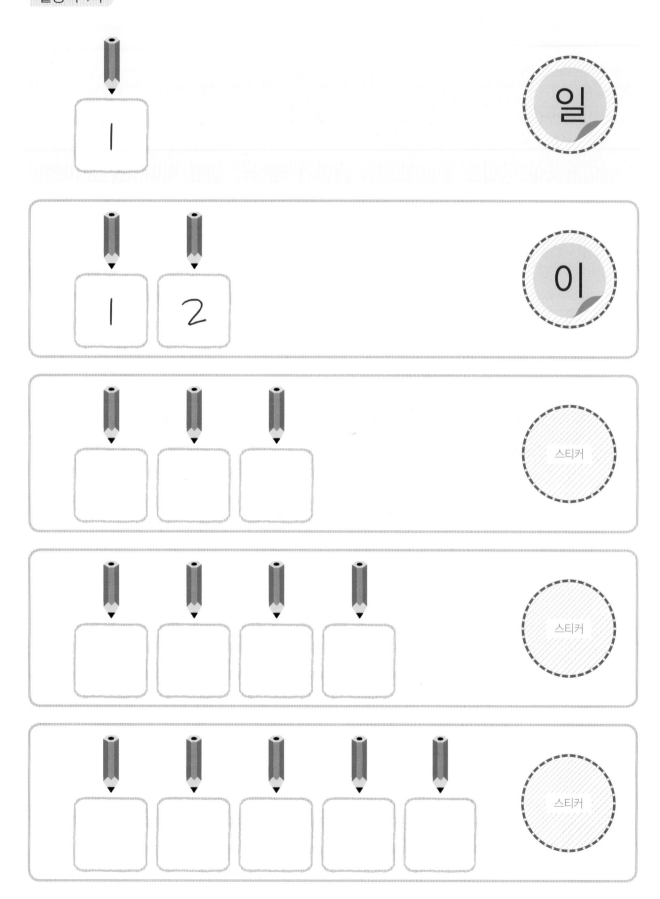

0에서 5까지 수의 순서

펭이의 나이 수만큼 케이크에 양초 꽂기

펭이가 5살 생일을 맞이했어요. 냥이가 펭이의 생일 케이크를 준비했습니다. 펭이의 나이 수만큼의 양초를 케이크에 꽂을 거예요. 양초 스티커 5개를 붙여볼까요? 활동북 1쪽

● 케이크 5개가 있어요. 케이크에 쓰여진 수만큼 촛불 스티커를 붙여주세요.

활동북 1쪽

양초를 몇 개
꽂을까?

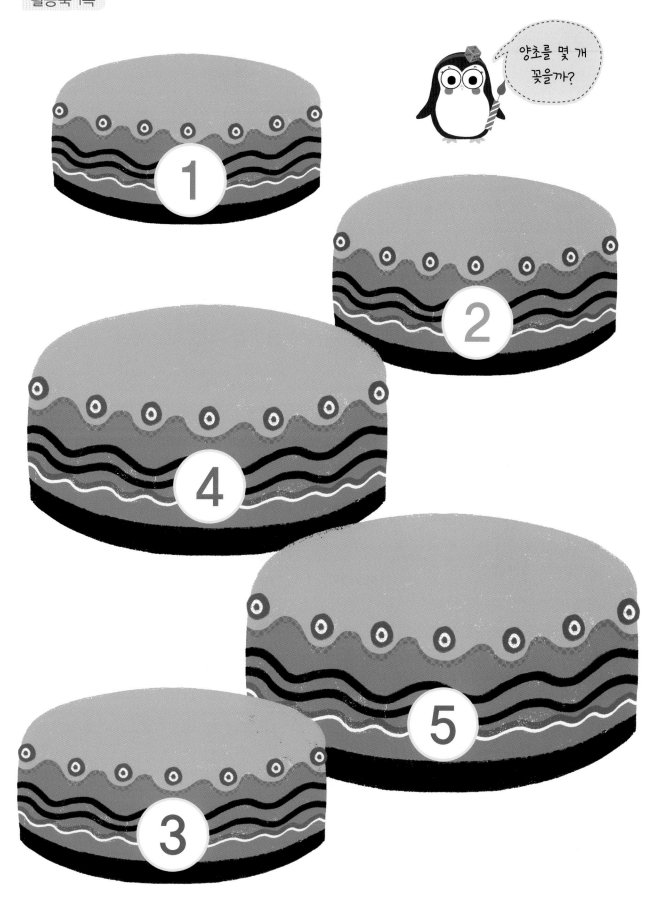

● 색칠한 칸의 수를 세어 아래에 알맞은 수를 써보세요.

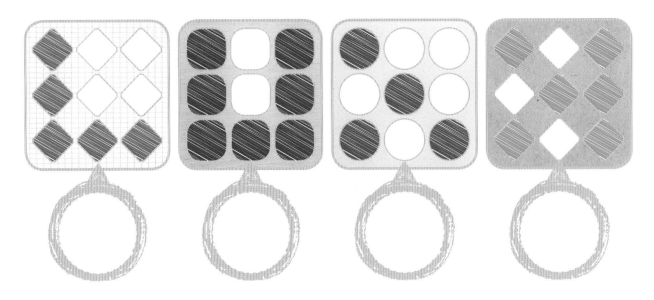

0부터 5까지 순서대로 나열했어요. 빈칸에 들어갈 수를 써보세요.

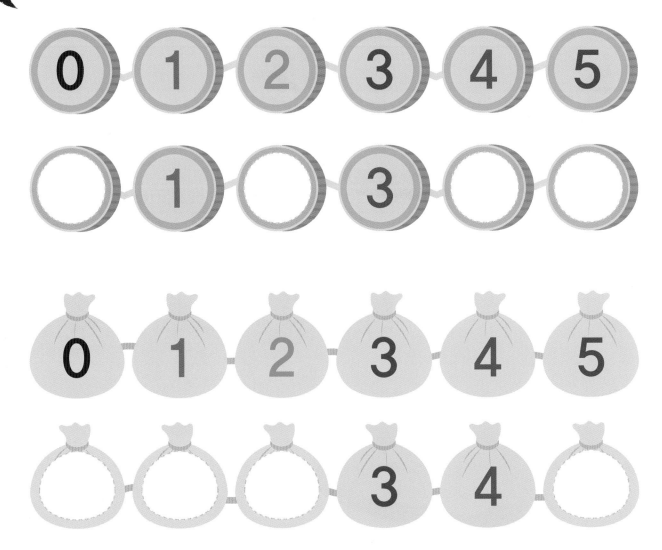

20

개념탐구 3 0에서 5까지 개수 세기

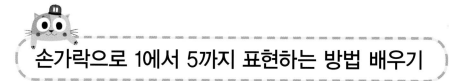

손가락으로 1에서 5까지 표현하는 방법 배우기

● 펼친 손가락의 개수를 세어 알맞은 수를 쓰세요.

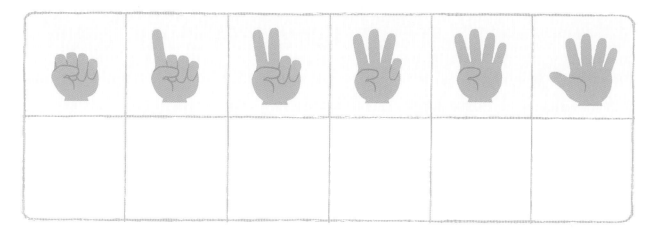

● 네모 칸 속의 수만큼 손가락 개수를 세고, 해당하는 손가락의 손톱을 색칠해 보세요.

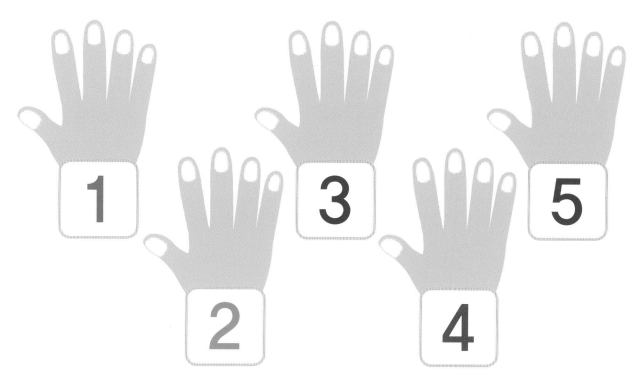

● 손가락이 가리키는 개수만큼 꿀벌 스티커를 붙여보세요. 활동북 2쪽

수	손가락 수	개수대로 스티커 붙이기
1		
2		
3		
4		
5		

● 주어진 수만큼 달팽이 껍데기 스티커를 붙여주세요. 활동북 2쪽

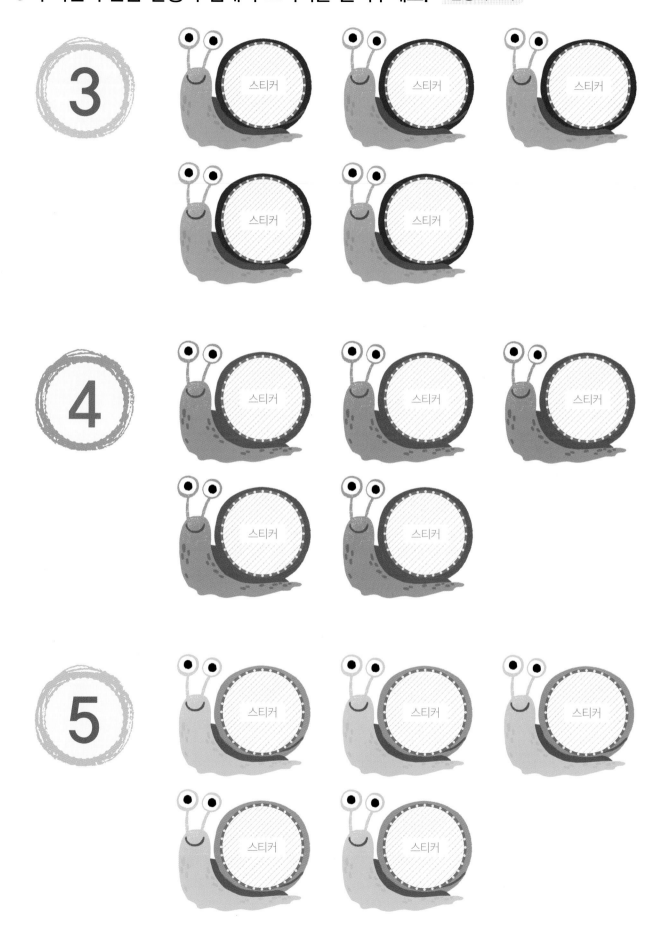

LET'S PLAY

동물 그림 카드 순서 맞추기 활동북 7쪽

1

5장의 카드를 준비하세요. 카드를 잘 섞어서 동물들이 보이도록 한 줄로 늘어놓습니다.

2

동물 그림 카드를 뒤집어 뒷면의 점이 보이도록 해주세요.

3

카드 뒷면에 있는 점의 개수를 세어보고, 점 개수의 순서대로 보드판에 카드를 놓아주세요.

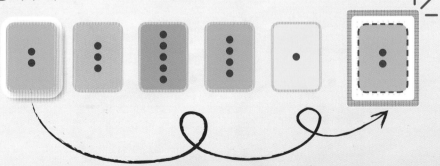

ACTIVE BOARD

● 카드 뒷면에 있는 점의 개수를 세어보고, 점 개수의 순서대로 보드판에 카드를 놓아주세요.

카드 놓는 자리 1

카드 놓는 자리 2

카드 놓는 자리 3

카드 놓는 자리 4

카드 놓는 자리 5

1️⃣ 몸통이 빨간색인 물고기는 모두 몇 마리입니까?

2️⃣ 동물 친구들은 각자의 모자에 쓰인 수만큼 같은 종류의 물고기를 잡아야
해요. 다람쥐가 잡을 수 있는 물고기를 다람쥐 가장 가까이에서 찾아 묶어
주세요.

3️⃣ 토끼는 물고기를 한 마리도 못 잡아서 울고 있어요. 토끼의 모자에는 어떤
수를 적어 넣을 수 있을까요?

4️⃣ 울고 있는 토끼를 위해 미끼용 지렁이 3마리를 토끼의 낚시줄에 걸어주세
요. 지렁이 스티커를 사용하세요. 활동북 2쪽

● 책상 위의 사물들이 각각 몇 개씩 있는지 세어보고, 알맞은 수를 쓰세요.

● 0에서 5까지의 수를 순서대로 나열했어요. 빈칸에 알맞은 수를 쓰세요.

0	1				5

● 0에서 5까지의 수를 한글로 써보세요.

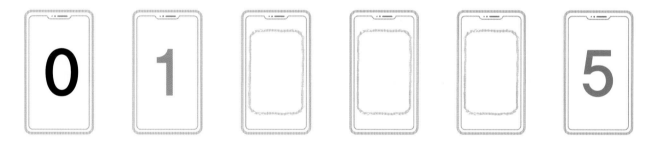

영					

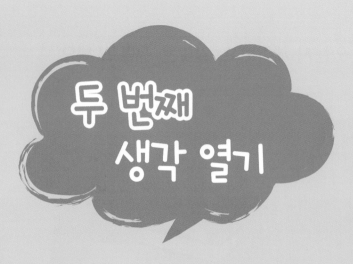

두 번째 생각 열기

수 정글 탐험하기

펭이와 냥이가 수 정글을 탐험하고 있어요.
정글에 6, 7, 8, 9, 10이 숨어있다고 해요.
숨어있는 수를 모두 찾아 동그라미 쳐보세요.

원숭이의 귀가
숫자 8같이
생겼다고?

이파리를
잘 살펴봐봐!

개념 탐구 1 10까지의 수 알아보기

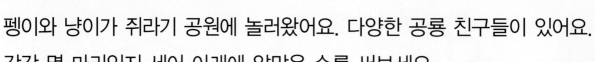
🐱 쥐라기 공원에 공룡 수 세기

펭이와 냥이가 쥐라기 공원에 놀러왔어요. 다양한 공룡 친구들이 있어요.
각각 몇 마리인지 세어 아래에 알맞은 수를 써보세요.

| 마리 | 마리 | 마리 | 개 |

왼쪽 그림의 개수를 세어 알맞은 수를 쓰고, 읽는 수와 세는 수를 한글로 써보세요.

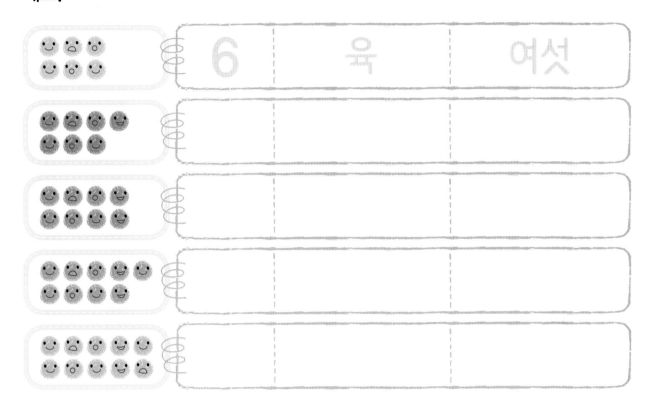

● 6부터 10까지 수를 한글로 읽고, 한글을 따라 써보세요.

6	육	육					
7	칠						
8	팔						
9	구						
10	십						

● 그림 속 사물의 개수를 세어, 개수에 해당하는 수에 ○표 하세요.

	6	7	8	9	10
	6	7	8	9	10
	6	7	8	9	10
	6	7	8	9	10
	6	7	8	9	10

PLUS 도전! 다음 글을 읽고, 글의 내용에 맞게 복숭아, 꽃, 도토리, 다람쥐 스티커를 알맞은 수만큼 붙이세요. 활동북 3쪽

복숭아 나무 아래 **사슴 한 마리**가 있고, 나무에 **복숭아가 7개** 있습니다. 들판에는 **빨간 꽃 3송이**가 피어있고, **다람쥐 2마리**가 들판에 있는 **도토리 6개**를 먹고 있습니다.

초대합니다!

우리 아이를 위한 특별한 스터디

시소스터디 공부 클럽

특별 제작

참여만 해도
학습 가이드
제공!

특별 제작

홈스쿨 맞춤형
플러스 자료
활동지 제공!

완주하면
푸짐한 선물이
팡팡!

우리 아이가 흥미를 잃지 않도록
시소스터디가 도와드릴게요~!

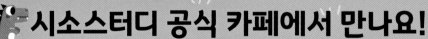
시소스터디 공식 카페에서 만나요!

시소스터디공부클럽 🔍

https://cafe.naver.com/sisasiso

● 0부터 10까지 순서대로 써보세요.

| 0 | 1 | 2 | 3 | 4 | 5 | 6 | 7 | 8 | 9 | 10 |

● 0부터 10까지의 수를 읽고 써보세요.

수	읽어보세요.	수를 쓰면서 읽어보세요.
0	영	0
1	일	1
2	이	2
3	삼	3
4	사	4
5	오	5
6	육	6
7	칠	7
8	팔	8
9	구	9
10	십	10

● 과일들이 각각 몇 개인지 세어보고 빈칸에 알맞은 수를 써보세요.

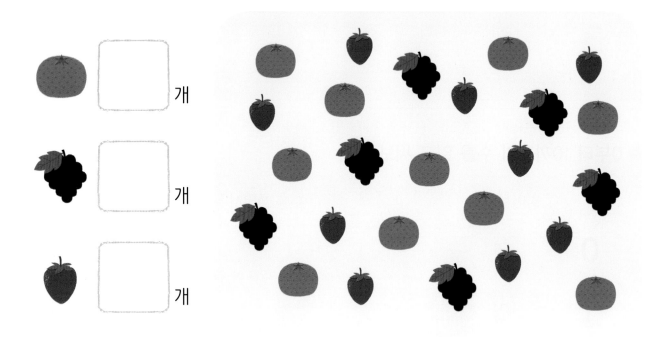

개

개

개

PLUS 도전! 아래의 그림을 왼쪽의 수만큼 묶고, 남은 수를 세어 빈칸에 써보세요.

6   1

7   남은 수

10   남은 수

9   남은 수

8   남은 수

10까지 수의 순서

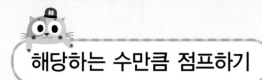

해당하는 수만큼 점프하기

냥이가 왼쪽의 수만큼 오른쪽으로 한 칸씩 점프를 하려고 합니다.

한 칸씩 점프한 표시를 하고, 최종 도착한 수에 냥이 스티커를 붙여주세요.

0에서 출발합니다! 활동북 3쪽

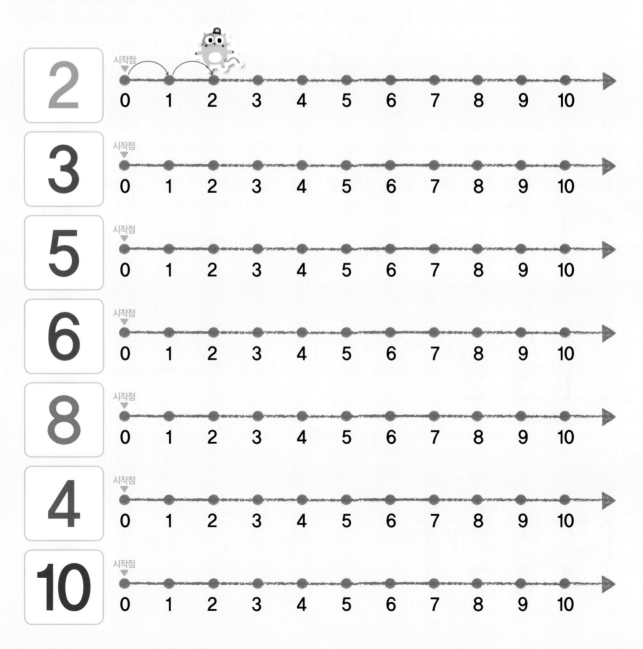

왼쪽에서 오른쪽으로 큰 수가 되도록 나열했어요. 빈칸에 알맞은 수를 쓰세요.

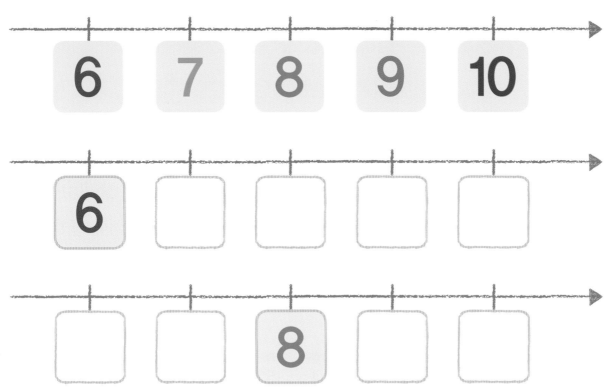

 바구니에 수가 적힌 공이 담겨 있어요. 하나씩 꺼내어 작은 수부터 차례대로 쓰세요.

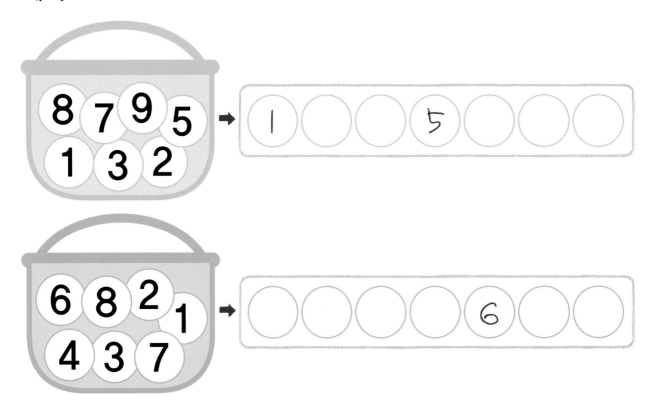

● 비눗방울에 수가 적혀 있어요. 작은 수부터 큰 수로 차례대로 연결해보세요.

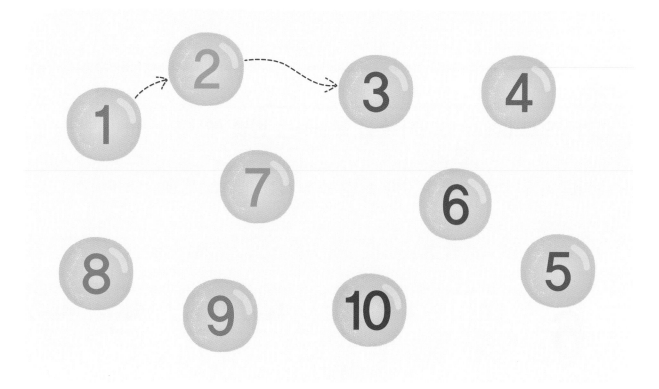

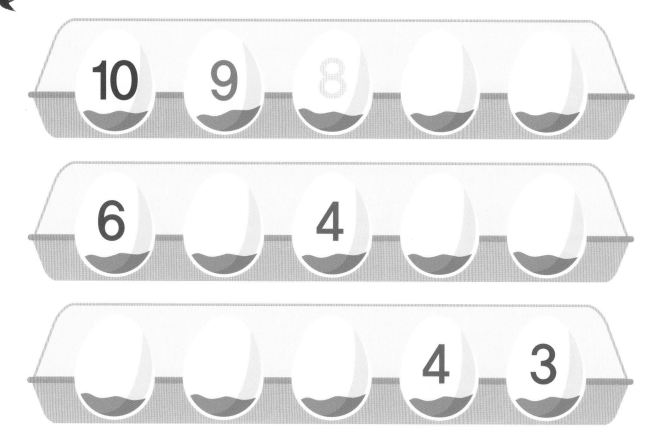

큰 수부터 작은 수가 되는 순서로 수를 나열했어요. 빈칸에 알맞은 수를 쓰세요.

10까지 개수 세기

손가락으로 6에서 10까지 수를 표현하는 방법 배우기

손가락이 가리키는 개수만큼 꿀벌 스티커를 붙여보세요. 활동북 3쪽

수	손가락 수	개수
6		🐝🐝🐝🐝🐝 🐝
7		
8		
9		
10		

● 왼쪽에 적힌 수만큼의 손톱을 예쁘게 칠해주세요.

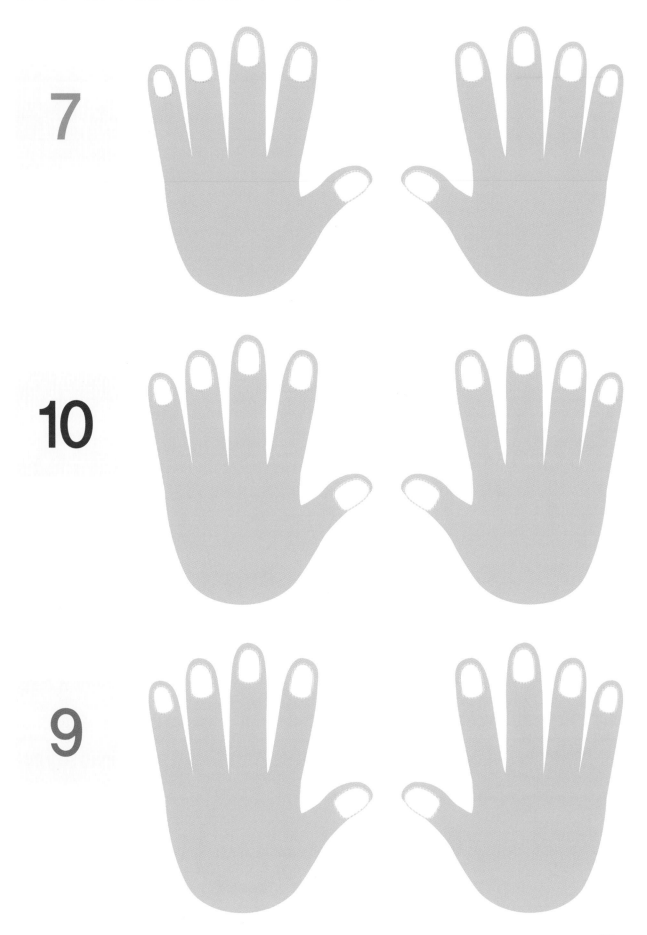

● 빈칸에 들어갈 알맞은 수를 찾아 선으로 이어보세요.

| 8 | | 10 | • | • | 6 |

| | 7 | 8 | • | • | 7 |

| 8 | 9 | | • | • | 9 |

| 5 | 6 | | • | • | 10 |

| | 9 | 10 | • | • | 8 |

LET'S PLAY

손가락 숫자 카드 놀이 활동북 8쪽

1 10장의 수카드를 가운데 두세요.

2 가위바위보를 해서 이긴 사람부터 카드를 뒤집어요.

3 카드에 나온 수에 맞는 손가락 개수를 빨리 내밀어요.

4 알맞은 손가락 개수를 먼저 편 사람이 승자예요.

▼ 5번 게임을 하고 활동판에 승패를 기록하세요.

활동판

이름	1	2	3	4	5	승자

● 1부터 10까지 수를 찾아서 같은 색을 가진 수끼리 같은 색으로 색칠해보세요.

● 빈칸에 1부터 10까지 차례로 알맞은 수를 쓰세요.

 1부터 10까지 수를 거꾸로 써보세요.

 접시 위의 과일을 주어진 수만큼 묶고, 남은 과일 개수를 ○안에 쓰세요.

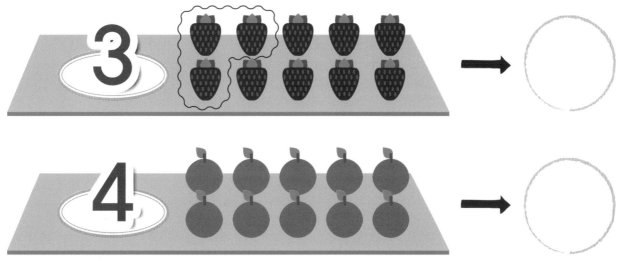

● 수의 순서대로 점선을 이어 그림을 완성해보세요.

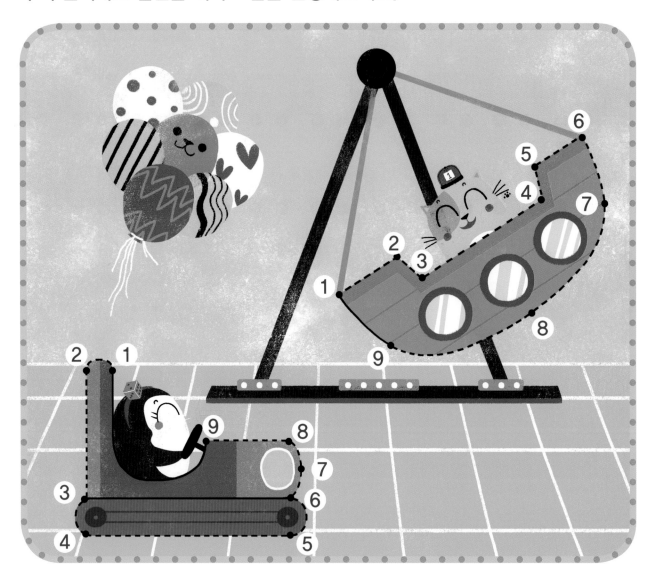

PLUS 도전! 동물들이 몇 마리인지 다양한 방식으로 표현했어요. 첫 번째 그림을 참고해서 나머지 빈칸에 알맞은 답을 써보세요.

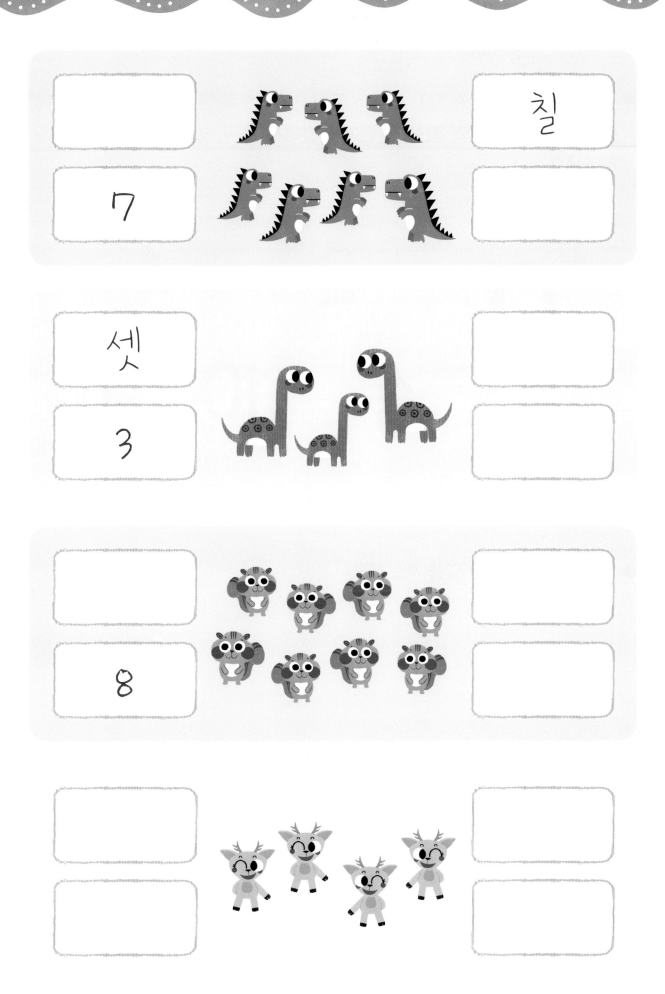

● 숫자 0은 연필을 떼지 않고 처음과 끝이 연결되도록 한 번에 쓸 수 있습니다.
다음 중 0처럼 **처음과 끝을 한 번에 연결해서** 쓸 수 있는 수를 찾아 ○를 표시
해주세요.

● 다음 빈칸에 알맞은 **말을** 써보세요.

5	다섯		다섯째
3		삼	셋째
9	아홉		아홉째

● 다음 그림에서 ☆모양은 △보다 **몇 개가 더 많습니까?**

● 주어진 수만큼 앞에서부터 차례로 ○를 그립니다. 빨간색 선의 오른쪽에 그려진 ○는 모두 몇 개입니까?

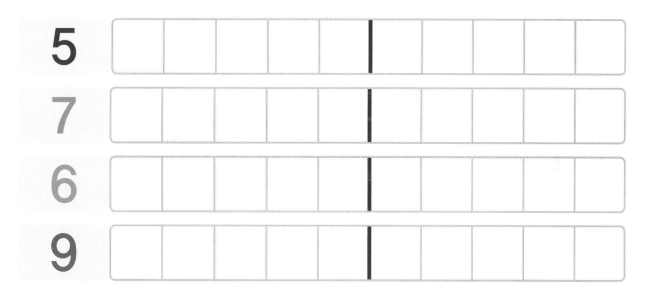

● 다음에서 4를 나타내지 **않는** 것은 **모두 몇 개입니까?**

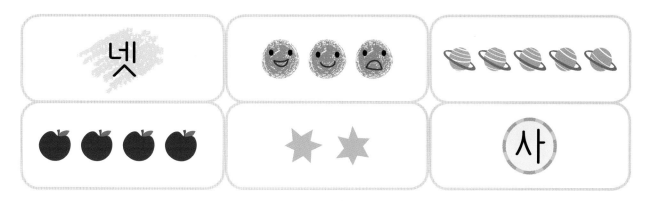

● 다음 그림에서 초록으로 **색칠된 칸은 모두 몇 개입니까?**

● 다음 빈칸에 차례로 수를 쓸 때, **맨 오른쪽 칸에 알맞은 수는 무엇입니까?**

| 10 | | 8 | 7 | | | |

● 바구니에 과일이 3개씩 담겨있습니다. 그런데 어떤 바구니에는 과일이 6개 담겨 있습니다. 어떤 바구니인가요? 해당하는 바구니에 ○ 표시를 하세요.

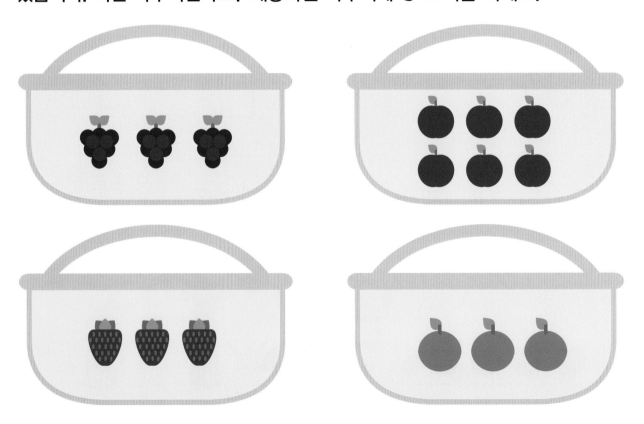

● 다음 수만큼 사과를 묶었을 때, **남는 사과는 몇 개입니까?**

● 다음 그림에서 숫자 1만 지워주세요. 2는 **몇 개가 남아있습니까?**

1 2 1 1

2 1 2 1

● 점이 그려진 카드가 한 쌍씩 있습니다. 오른쪽 카드의 점 개수가 왼쪽 카드의 점 개수보다 많은 카드는 **모두 몇 쌍입니까?**

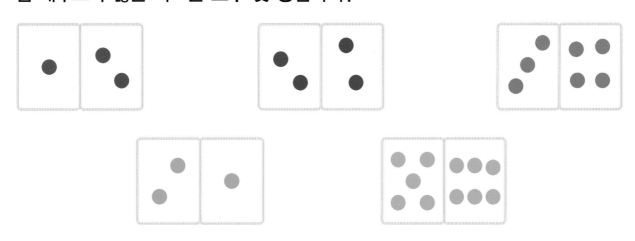

세 번째 생각 열기

차례대로 유치원 버스 타기

완두콩 친구들이 유치원 버스를 타려고 줄을 섰습니다.
수의 순서에 맞게 완두콩 친구들 모자 위에 수 스티커를
붙여보세요. 활동북 4쪽

10보다 큰 수가 있어?

물론이지! 11, 12, 13 그리고 또 어떤 수가 있는지 알아볼까?

BUS STOP

51

순서를 나타내는 표현

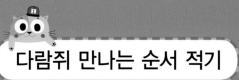

다람쥐 만나는 순서 적기

냥이와 펭이가 숲길을 따라 과자집에 가려고 해요. 가는 길에 다람쥐 친구들을
만나요. 마주치는 다람쥐의 순서에 알맞은 순서 스티커를 붙여주세요. 활동북 4쪽

● 다음 그림 중 동그라미 친 부분의 위치 순서를 보고 바르게 읽은 것에 ○표시 하세요. 왼쪽부터 순서를 셉니다.

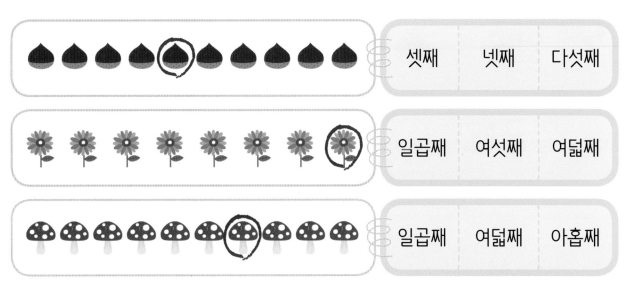

● 왼쪽의 순서를 가리키는 표현에 해당하는 그림을 골라 색칠해보세요.

왼쪽부터 세기!

● 다음 보기를 보고 나머지 문제의 빈칸을 알맞게 색칠해보세요.

● 아래의 그림을 보고 순서에 알맞은 동물 친구들을 찾아 ○표시 하세요.

▦ 왼쪽에서 둘째

▦ 오른쪽에서 다섯째

▦ 왼쪽에서 열째

● 순서에 맞게 쌓기나무를 색칠해보세요.

▦ 왼쪽에서 둘째

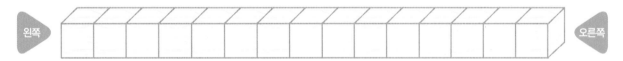

▦ 오른쪽에서 다섯째

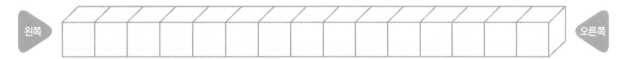

▦ 왼쪽에서 열째

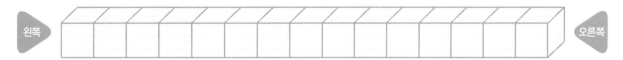

▦ 오른쪽에서 첫째

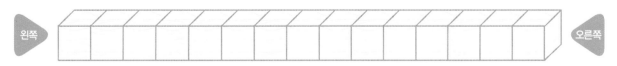

위치를 나타내는 표현

활동북 9쪽

연극을 보러 온 펭이의 자리 정하기

앞

왼쪽

오른쪽

뒤

여러 위치가 적힌 주사위와 펭이 말을 만들어주세요. 활동북 9쪽

주사위를 던져 주사위에 적힌 위치를 찾아 펭이 말을 놓아볼까요?

PLUS 도전! 크리스마스 트리에 장식 전구를 켜보세요. 알맞은 위치를 찾아서 전구에 색을 칠해보세요.

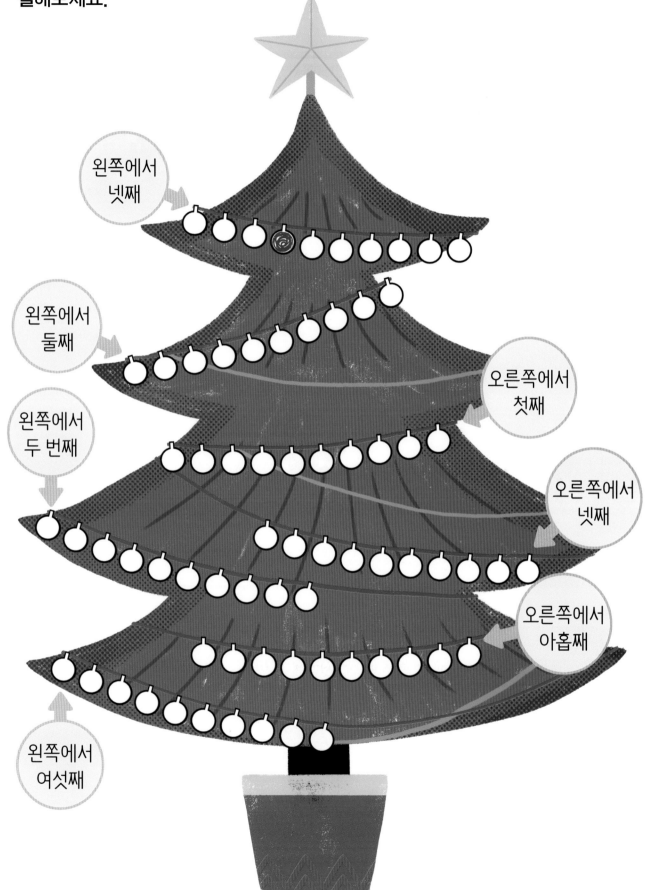

냥이가 친구들과 함께 줄을 서 있어요. 문제를 읽고 냥이의 위치를 찾아 스티커를 붙이고, 모두 몇 명이 서있는지 수를 쓰세요. 활동북 4쪽

나는 왼쪽에서 첫째, 오른쪽에서 넷째에 서 있어.

명

나는 왼쪽에서 넷째, 오른쪽에서 둘째에 서 있어.

명

나는 왼쪽에서 셋째, 오른쪽에서 다섯째에 서 있어.

명

● 해당하는 그림이 몇째인지 알맞은 순서 스티커를 찾아 붙여보세요. 활동북 4쪽

는 왼쪽에서 일곱째, 오른쪽에서 넷째 에 있어요.

는 오른쪽에서 스티커, 왼쪽에서 스티커 에 있어요.

는 왼쪽에서 스티커, 오른쪽에서 스티커 에 있어요.

순서와 위치를 함께 나타내기

몇 층에 살고 있을까?

10층짜리 아파트가 있어요.

동물 친구들이 하는 말을 듣고,

친구들이 살고 있는 층에 해당하는

동물 스티커를 붙여보세요. 활동북 5쪽

난 맨 꼭대기층에 살아.

나는 2층에 살아

나는 독수리 바로 아래층 살아.

난 펭이네 바로 위층에 살아

난 5층에 살아

● 동물 친구들이 살고 있는 아파트 층을 보고, 순서를 확인하여 해당하는 스티커를 붙여보세요. 활동북 5쪽

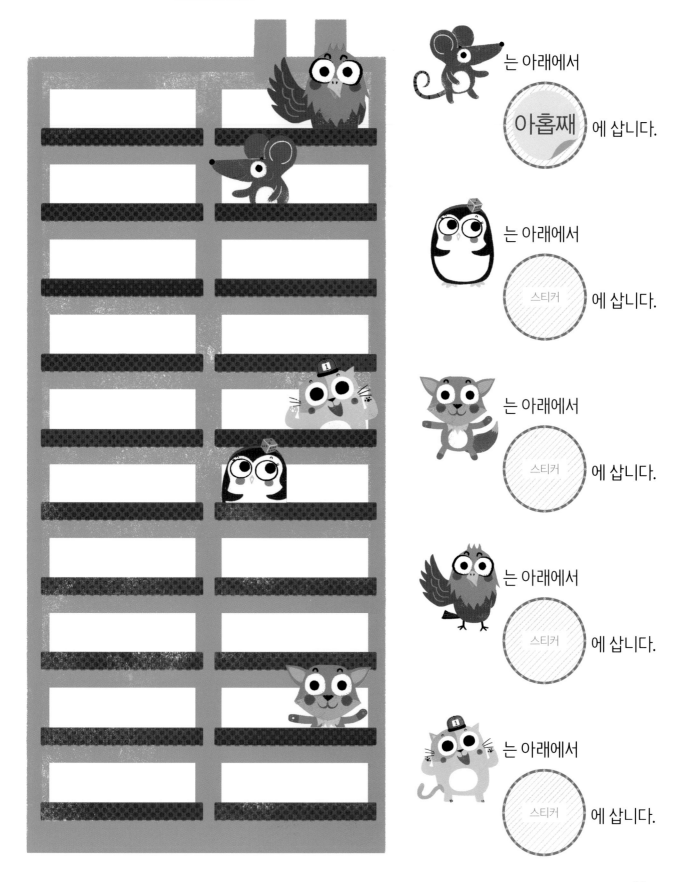

는 아래에서 아홉째 에 삽니다.

는 아래에서 스티커 에 삽니다.

는 아래에서 스티커 에 삽니다.

는 아래에서 스티커 에 삽니다.

는 아래에서 스티커 에 삽니다.

PLUS 도전! 사다리 칸 사이로 동물들이 얼굴을 내밀었어요. 그림을 보고 각 동물들이 몇 번째 칸에 있는지 알맞은 순서를 써보세요.

여기가 첫째 칸!

① 🦁 는 **위**에서 [＿＿＿＿] 입니다.

② 🐆 는 **위**에서 [＿＿＿＿] 입니다.

③ 🐧 는 **위**에서 [＿＿＿＿] 입니다.

④ 🐻 은 **위**에서 [＿＿＿＿] 입니다.

⑤ 🐰 는 **위**에서 [＿＿＿＿] 입니다.

● 다음 그림을 보고 질문에 알맞은 답을 써보세요.

동전은 모두 몇 개입니까?	개
위에서 두 번째 동전은 몇 번입니까?	번
아래에서 첫 번째 동전은 몇 번입니까?	번

1번
2번
3번
4번

● 왼쪽에서부터 두 번째 있는 동전은 얼마짜리 동전입니까?

왼쪽 ▶ 100 50 100 50 100 ◀ 오른쪽

원

PLUS 도전! 오른쪽에서 첫 번째 동전과 왼쪽에서 두 번째 동전의 위치를 바꾸어 다시 놓아볼까요? 다시 정리된 동전들을 스티커로 붙여주세요. 활동북 4쪽

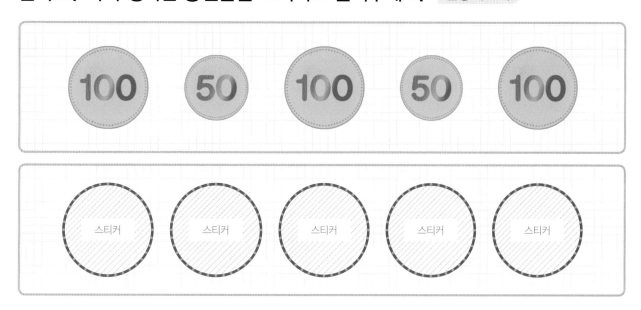

100 50 100 50 100

스티커 스티커 스티커 스티커 스티커

달려라 동물 친구들!

● 동물 친구들의 달리기 경주 모습을 보고, 1등부터 4등까지 순서를 써보세요.

● 동물 친구들이 하는 말을 듣고, 어떤 동물 친구인지 찾아 스티커를 붙여주세요.

활동북 1쪽

내 앞에는
아무도 없어.

내 뒤에는
아무도 없어.

난 앞에서 둘째
뒤에서는 셋째야.

난 3등으로
달리고 있어.

스티커

스티커

스티커

● 다음 그림을 보고, 알맞은 답을 쓰세요.

① 왼쪽에서 두 번째 있는 책은 몇 번인가요?

　　　　　　　　　　　　　　　번

② 오른쪽에서 첫 번째 있는 책의 제목을 찾아 O 표시를 하세요.

③ 왼쪽에서 다섯 번째 있는 책은 몇 번인가요?

　　　　　　　　　　　　　　　번

④ 오른쪽에서 네 번째에 있는 책의 제목을 찾아 O 표시를 하세요.

⑤ 오른쪽에서 열 번째에 있는 책은 몇 번인가요?

　　　　　　　　　　　　　　　번

 확인 학습

 아래 글을 읽고 빈칸에 알맞은 동물 스티커를 붙여보세요. 활동북 2쪽

1   은 위에서 첫째, 왼쪽에서 셋째에 있습니다.

2   는 아래에서 셋째, 왼쪽에서 넷째에 있습니다.

3   는 왼쪽에서 둘째, 위에서 셋째에 있습니다.

4  는 왼쪽에서 첫째, 위에서 둘째에 있습니다.

위

왼쪽

오른쪽

아래

● 다음 그림을 보고, 답을 쓰세요.

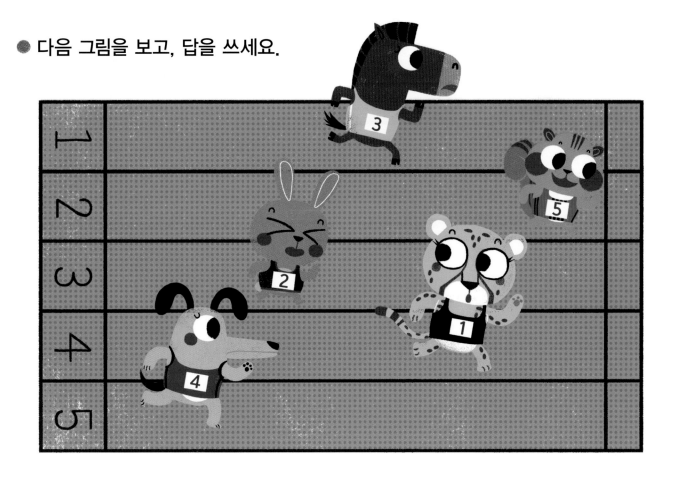

1 1등으로 달리고 있는 친구의 운동복 번호는 몇 번인가요?

번

2 운동복 번호가 2번인 동물은 앞에서부터 몇 번째로 달리고 있나요? 다음 중 알맞은 순서에 동그라미 치세요.

두 번째   세 번째   네 번째

3 운동복 번호가 3번인 동물은 뒤에서 몇 번째로 달리고 있나요? 다음 중 알맞은 순서에 동그라미 치세요.

네 번째   세 번째   다섯 번째

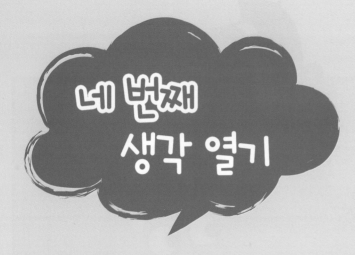

네 번째 생각 열기

별을 따자!

밤하늘에 별이 가득해요.

토끼가 별을 세었어요.

세다보니 별이 너무 많아서 수 세기가 점점 어려워졌어요.

그래서 10개씩 묶어서 세 보기로 했어요.

연필로 별을 10개씩 묶어보세요.

10개 묶음을 만들고 남은 별은 몇 개인가요?

밤하늘의 별은 전부 몇 개 일까요?

20까지의 수와 10묶음

11부터 15까지 익히기

10개를 모아 묶은 것을 **10묶음**이라고 합니다.

수	읽어보세요.	10묶음으로 표현해보세요.
11 10 더하기 1	십일	
12 10 더하기 2	십이	
13 10 더하기 3	십삼	
14 10 더하기 4	십사	
15 10 더하기 5	십오	

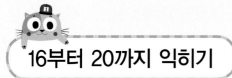
수	읽어보세요.	10묶음으로 표현해보세요.
16 10 + 6	십육	
17 10 + 7	십칠	
18 10 + 8	십팔	
19 10 + 9	십구	
20 10 + 10	이십	

더하기를 +로 표시할 수 있는 거 알아?

혹시 몰랐어도 괜찮아. 그건, 다음 권 **연산**에서 자세히 배워보자.

● 장바구니에 담아야 할 사과의 개수가 적혀있어요. 사과나무에 열린 사과 수를 보고, 알맞은 바구니를 선으로 이어주세요.

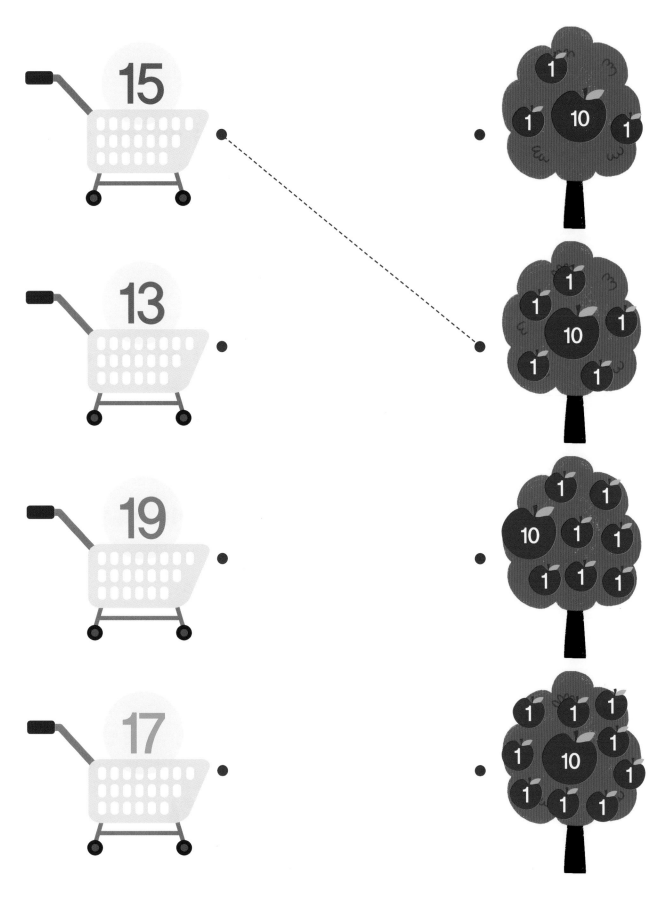

● 보기와 같이 과일이나 채소를 10개씩 묶은 다음, 빈칸에 알맞은 수를 써보세요.

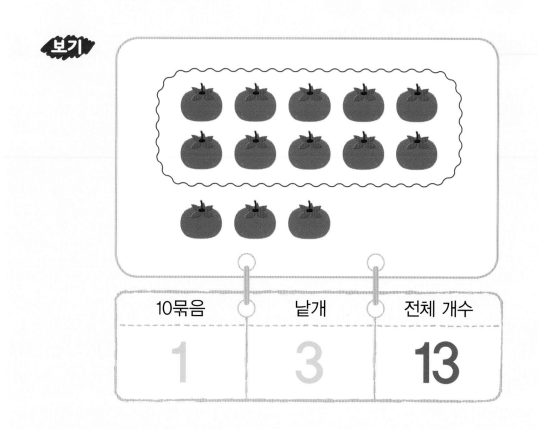

10묶음	낱개	전체 개수
1	3	13

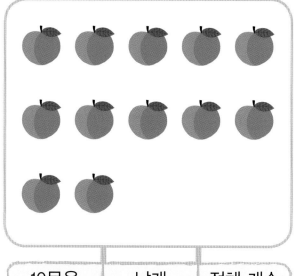

10묶음	낱개	전체 개수

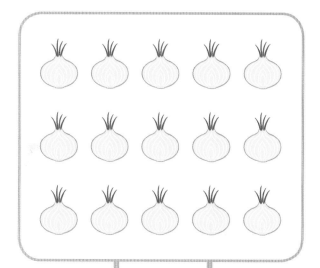

10묶음	낱개	전체 개수

10묶음	낱개	전체 개수

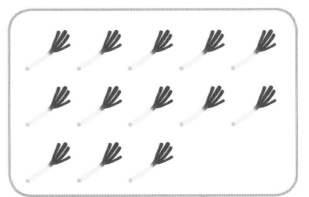

10묶음	낱개	전체 개수

● 구슬을 10개씩 묶어 한 묶음을 만드세요. 10묶음의 개수, 남아있는 낱개 구슬의 개수 그리고 전체 구슬의 개수를 써보세요.

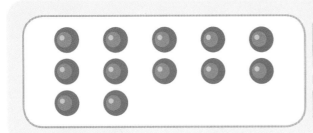

10묶음	낱개	전체 개수

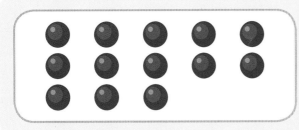

10묶음	낱개	전체 개수

10묶음	낱개	전체 개수

1부터 20까지 수의 순서

1부터 20까지 수 익히기

1	2	3	4	5	6	7	8	9	10
11	12	13	14	15	16	17	18	19	20

● 11부터 20까지의 수를 읽고 써보세요.

수	읽어보세요.	수를 쓰면서 읽어보세요.
11	십일	11
12	십이	12
13	십삼	13
14	십사	14
15	십오	15
16	십육	16
17	십칠	17
18	십팔	18
19	십구	19
20	이십	20

● 10개씩 묶어주세요. 그리고 아래 빈칸에 전체 개수를 써보세요.

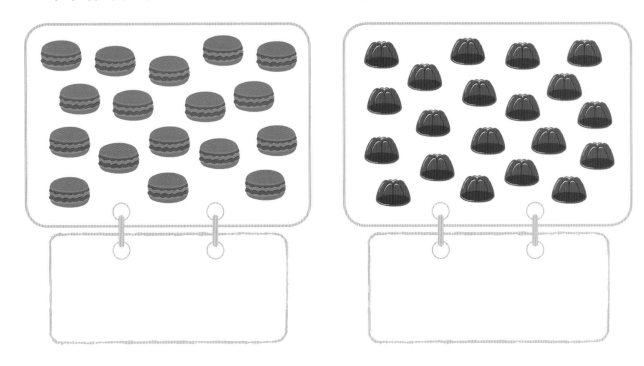

● 10개씩 묶은 다음, 전체 개수를 써보세요.

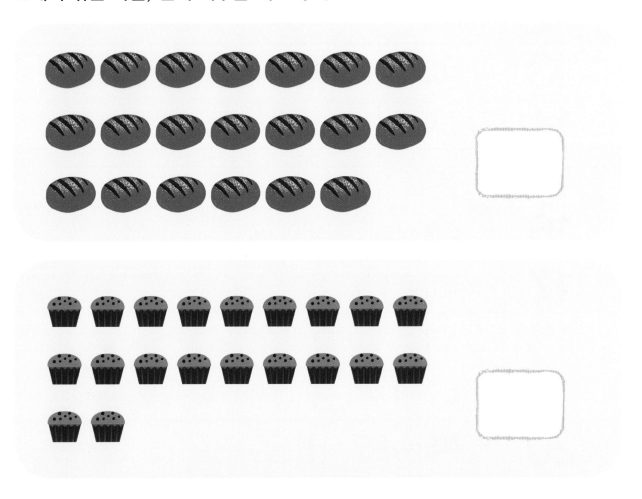

● 11에서 20까지 수를 순서대로 연결하여 길을 그려보세요.

● 순서대로 나열된 수예요. 빈칸에 들어갈 알맞은 수를 찾아 연결하세요.

● 1부터 20까지 수를 순서대로 쓰려고 해요. 빈칸에 알맞은 수를 쓰세요.

개념 탐구 3 사이의 수

기차 칸에 적힌 수 읽기

기차가 두 대 있어요. 그리고 두 대의 기차에 있는 열차 칸에 번호가 순서대로 기입되어 있어요.

1 기차 창문에 알맞은 수를 순서대로 써보세요.

2 펭이와 냥이의 자리가 어디인지 찾고, 각각 몇 번 칸에 있는지 말해 보세요.

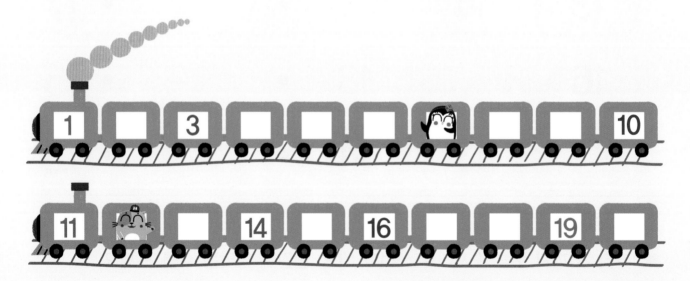

78

● 가운데 수를 기준으로 1 작은 수와 1 큰 수를 쓰세요.

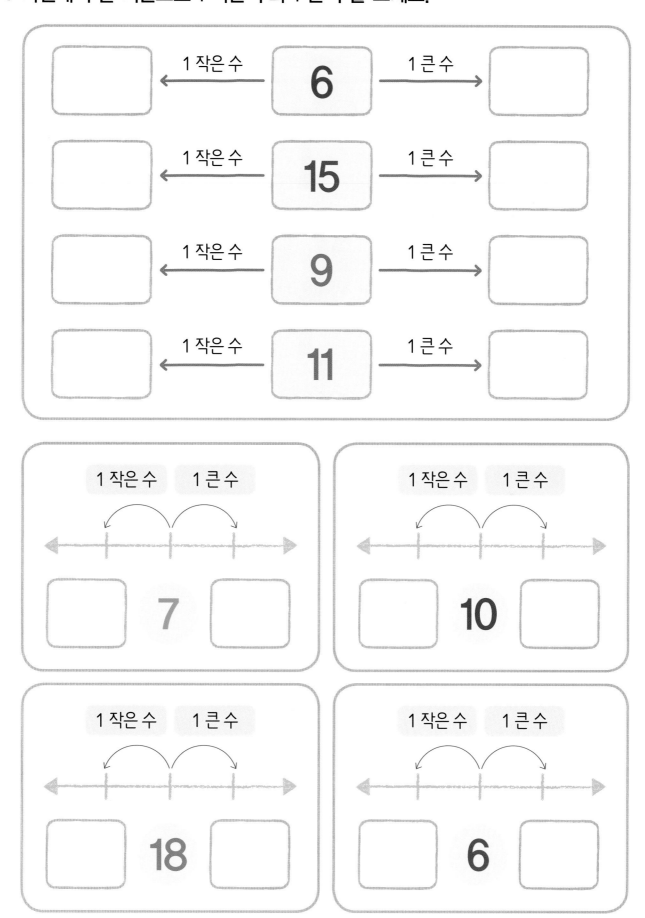

● 나무에 적힌 수를 기준으로 1 작은 수, 1 큰 수를 쓰고, 해당하는 수만큼 사과를 묶어보세요.

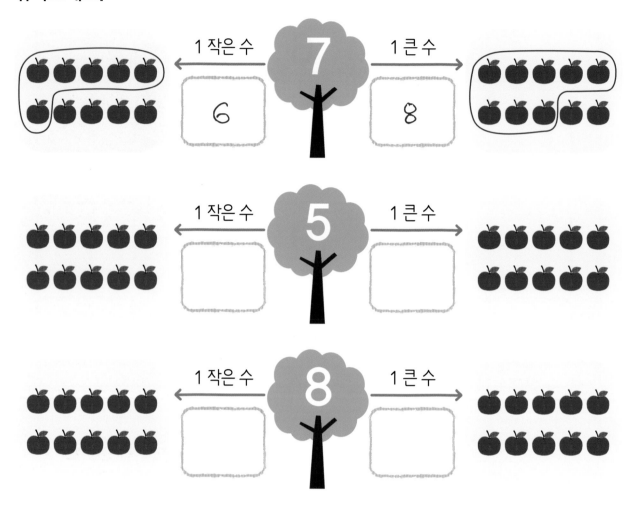

● 아보카도 과일 안에 적힌 수를 보고, 양쪽 빈칸에 알맞은 수를 써보세요.

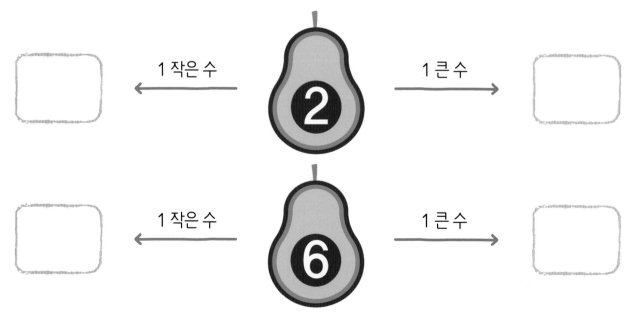

다음 문제를 읽고 알맞은 답을 써 주세요.

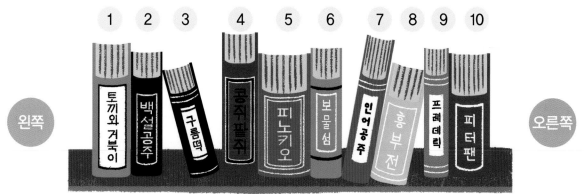

1 1번과 3번 사이에 있는 책은 몇 번인가요?

번

2 3번과 6번 사이에 있는 책은 전부 몇 권인가요?

권

3 5번과 10번 사이에 있는 책의 번호를 모두 쓰세요.

☐ , ☐ , ☐ , ☐

4 5번과 7번 사이에 있는 책의 번호와 제목은 무엇인가요?

번호 _____ 번   제목 _____

5 오른쪽에서 여섯 번째에 있는 책은 몇 번이고, 제목은 무엇인가요?

번호 _____ 번   제목 _____

LET'S PLAY

나는야 양궁 선수! 활동북 5쪽

1 주사위를 준비하세요.

2 두 명의 친구가 번갈아가며 주사위를 던집니다.

3 주사위를 던져 나온 수를 과녁판에서 찾아 화살표 스티커를 붙입니다.

4 활동판에는 해당 점수를 적습니다. 점수가 높은 사람이 승자입니다.

5 5차례 게임 후 이긴 횟수가 많은 사람이 최종 승자입니다.

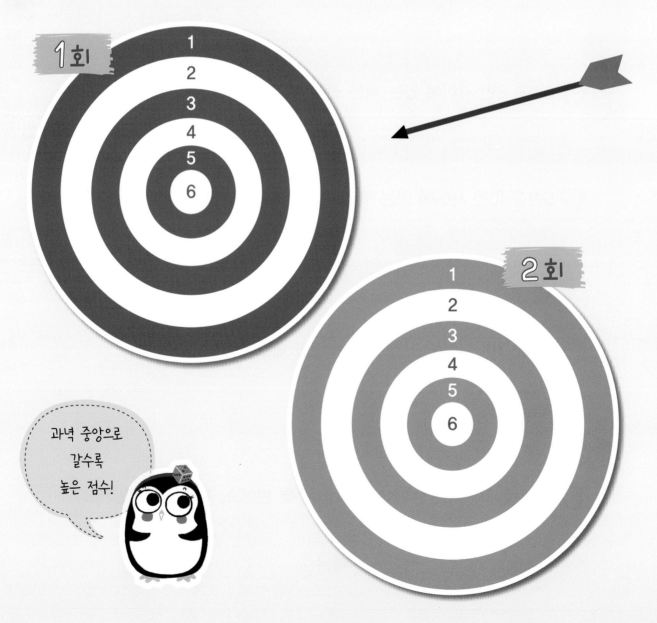

과녁 중앙으로 갈수록 높은 점수!

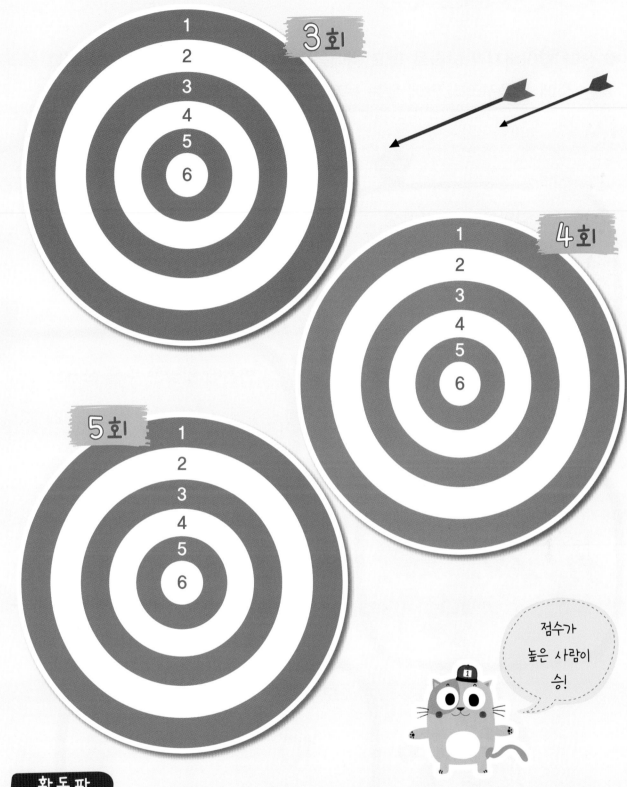

3회

4회

5회

점수가
높은 사람이
승!

이름	1회	2회	3회	4회	5회	이긴 회수

활동판

83

확인학습

● 산타 할아버지가 밧줄을 타고 썰매를 타러 올라가야 해요. 밧줄을 타고 올라가는 중에 선물꾸러미 안에 있는 문제를 모두 풀어야 합니다.

선물 4

빈칸에 알맞은 수를 쓰세요.

10 · · ○ · · 12

15 · · ○ · · 17

선물 3

빈칸에 알맞은 수를 쓰세요.

1 작은 수   1 큰 수

19

선물 2

더 작은 수에 ○표 하세요.

17   20   9
13

선물 1

모두 합한 수가 얼마인지 쓰세요.

10   1
1   1

● 첫 번째 줄은 11부터 20까지, 두 번째 줄은 20부터 11까지 순서대로 알맞은 수를 써야 합니다. 빈칸에 알맞은 수를 쓰세요.

11			14			17	18		20

20			17			14			11

● 수가 적힌 큐브 그림을 보고, 빈칸에 알맞은 수를 쓰세요.

10묶음	낱개	전체 개수

10묶음	낱개	전체 개수

10묶음	낱개	전체 개수

● 펭이와 냥이가 그림과 같이 과녁판에 화살을 쏘았습니다. **둘의 점수를 합하면 총 몇 점일까요?**

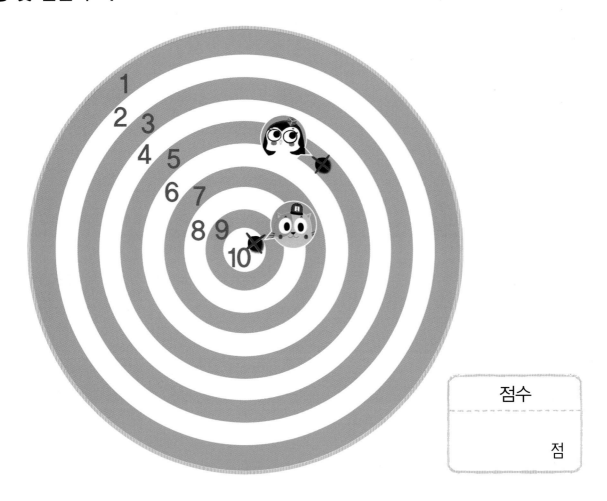

점수
점

● 다음 그림을 보고 빈칸에 **알맞은 수**를 쓰세요.

10묶음	낱개	전체 개수

10묶음	낱개	전체 개수

● 검은 바둑돌 10개가 들어있는 주머니 1개와 흰 바둑돌 2개가 있는 주머니가 있습니다. 바둑돌은 **모두 몇 개입니까?**

개

● 다음과 같이 쌓기나무로 쌓은 모양 5개가 있습니다. **쌓기나무 개수가 적은 것부터 많은 것으로 나열해보세요. 쌓기나무 스티커를 이용하세요.** 활동북 6쪽

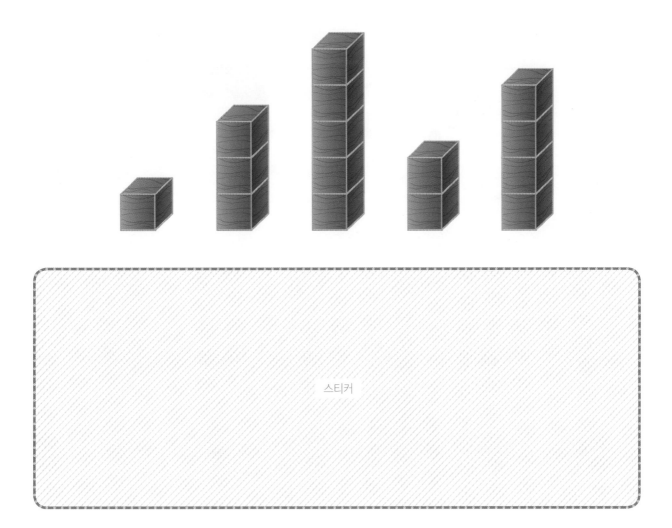

스티커

● 0에서 10까지의 수를 큰 수부터 작은 수가 되는 차례로 쓸 때, 두 번째 수는 무엇입니까?

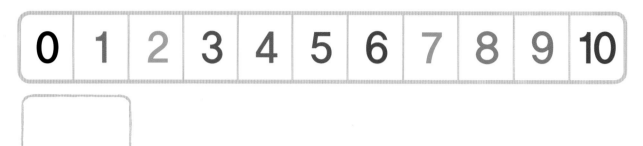

| 0 | 1 | 2 | 3 | 4 | 5 | 6 | 7 | 8 | 9 | 10 |

● 동물 친구들이 달리기를 합니다. 셋째로 달리고 있는 동물 친구의 운동복 번호는 몇 번입니까?

● 동물 친구들이 한 줄로 서 있습니다. 펭이가 서 있는 위치는 앞에서부터 둘째, 뒤에서부터는 다섯째예요. 줄을 선 동물 친구들은 **모두 몇 명일까요?**

앞      뒤

● 아래 그림에서 앞에서 첫째 칸에는 ○표, 뒤에서 첫째 칸에는 △를 표시할 때, ○과 △사이에 있는 칸은 몇 개입니까?

● 다음 수 카드 중에서 **세 장을 뽑아 10을 만들려고** 합니다. 10을 만들고 **남은 수는 어느 것입니까?**

● 도시락 한 통에 만두를 가득 채우면 10개가 들어갑니다. 나머지 도시락 한 통에 5개가 더 들어 있습니다. 만두는 **모두 몇 개입니까?**

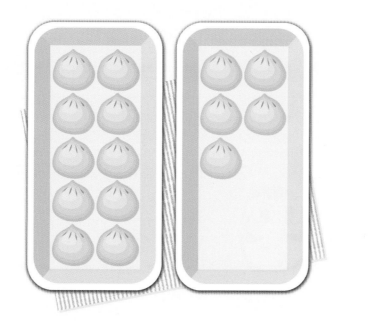

개

짝꿍을 만들어요!

운동장에 냥이와 펭이, 그리고 친구들이 모여 있어요.

두 명씩 짝을 지어보려고 해요.

연필로 두 명씩 짝을 지어주세요.

혼자 남은 친구가 있나요?

스티커를 이용해 그 친구의 짝을 만들어주세요.

활동북 6쪽

누구랑
짝꿍할 거야?

냥이 아니면
양이?

2씩 띄어 세기

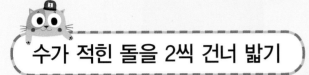
수가 적힌 돌을 2씩 건너 밟기

냥이는 수가 적힌 돌을 1부터 2칸씩 건너뛰고, 펭이는 숫자 돌을 2부터 2칸씩 건너뛰어서 집에 들어갈 거예요. 펭이와 냥이가 밟는 돌에 발바닥 스티커를 붙여보세요. 활동북 6쪽

● 2씩 띄어 세며, 빈칸에 알맞은 수를 쓰세요.

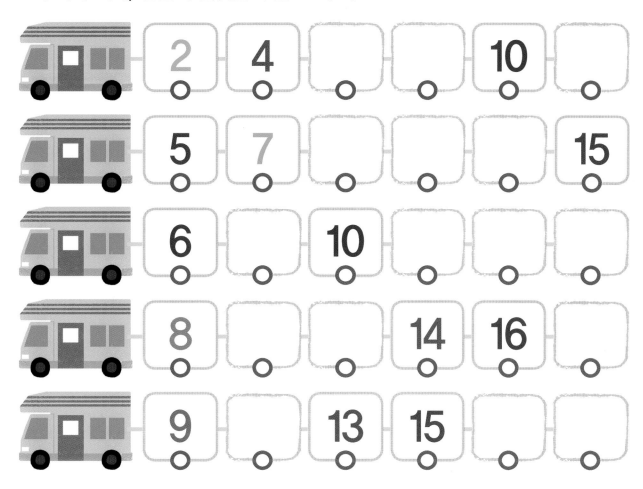

깃발에 적힌 수의 규칙을 찾아, 빈칸에 알맞은 수를 쓰세요.

물고기가 뿜어낸 공기 방울 안에 수가 있어요. 2씩 띄어 세기를 하며 알맞은 수를 써보세요.

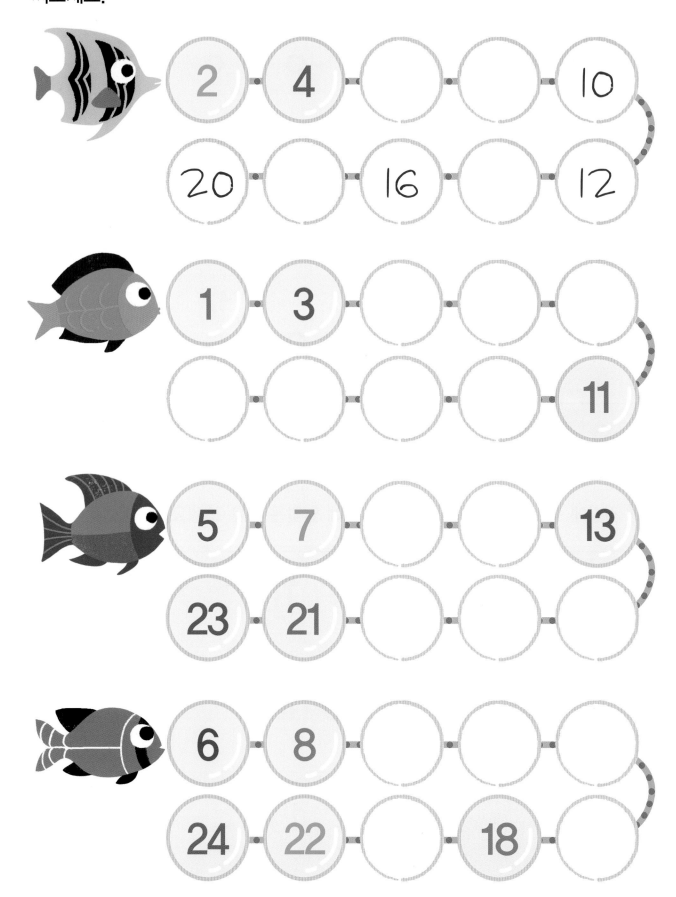

2씩 묶어 세기

| 2 | 4 | 6 | 8 | 10 | 12 | 14 | 16 |

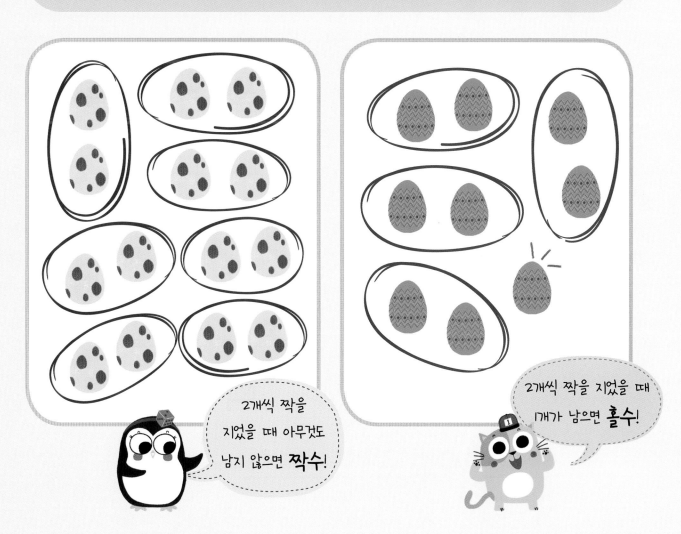

2개씩 짝을
지었을 때 아무것도
남지 않으면 **짝수!**

2개씩 짝을 지었을 때
1개가 남으면 **홀수!**

● 2개씩 묶어 개수를 세고, 홀수인지 짝수인지 구분하여 알맞은 곳에 ◯표 하세요.

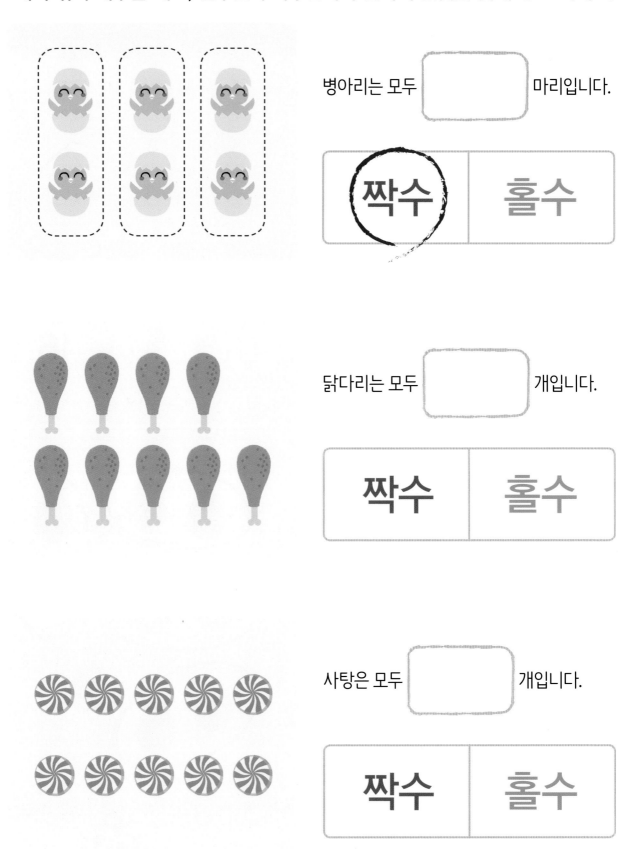

병아리는 모두 [   ] 마리입니다.

| (짝수) | 홀수 |

닭다리는 모두 [   ] 개입니다.

| 짝수 | 홀수 |

사탕은 모두 [   ] 개입니다.

| 짝수 | 홀수 |

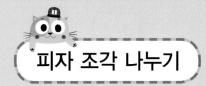

피자 조각 나누기

피자 상자를 열어보니 모두 7조각입니다. 펭이와 냥이는 사이좋게 각자의 접시에 피자를 똑같이 나눠 담기로 했습니다. 남는 조각이 있을까요? 각자의 접시에 피자 조각 스티커를 붙여주세요. 활동북 6쪽

어? 한 조각이 남네?
어떻게 똑같이 나누지?

그림과 같이 전체를 똑같은 크기 2개로 나누었을 때, 그 중 하나를 **절반** 또는 **반**이라고 해.

● 다음 그림들을 왼쪽 그림처럼 점선을 이용하여 반으로 똑같이 나누어보세요.

 다음 리본의 총 개수를 반으로 나누고, 총 개수와 반의 개수를 쓰세요.

리본	총 개수	반 개수
	4	2

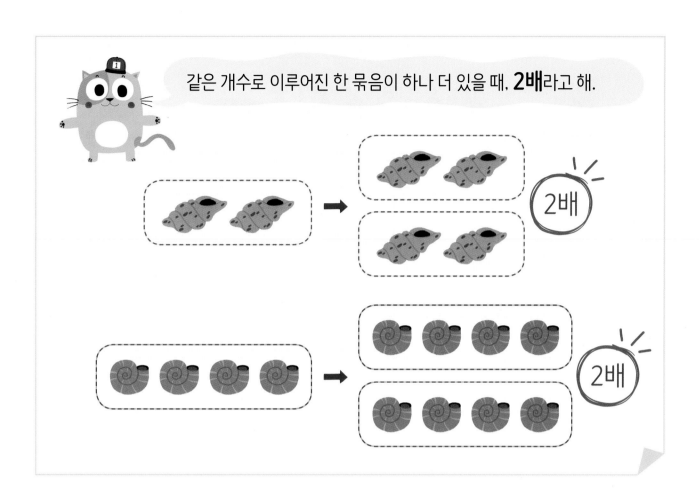

같은 개수로 이루어진 한 묶음이 하나 더 있을 때, **2배**라고 해.

● 아래에 있는 알을 빈칸에 2배로 만드세요. 스티커를 사용하세요. 활동북 6쪽

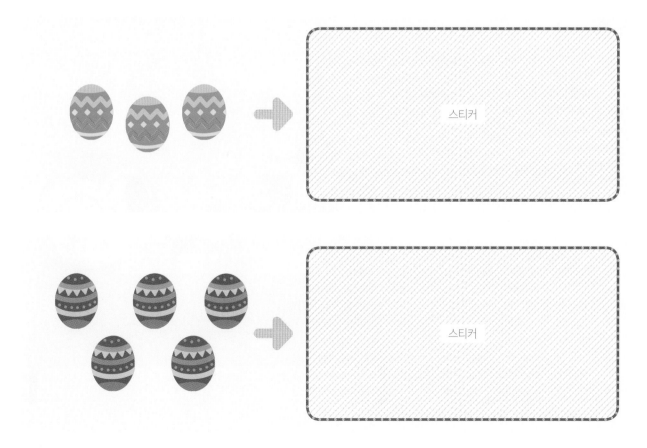

LET'S PLAY

짝수 홀수 맞추기

활동북 10–11쪽

1 1부터 20까지 적힌 수 카드를 섞어 숫자가 보이지 않도록 카드를 뒤집어 놓습니다.

2 가위바위보를 하여 이긴 사람이 먼저 하도록 순서를 정합니다.

3 자신의 차례에 카드를 뒤집기 전 '짝수'와 '홀수' 중 하나를 외치고 카드 한 장을 뒤집습니다.

4 뒤집은 카드에 적힌 수가 내가 말한 것(짝수 또는 홀수)과 맞으면 카드를 가져가고, 틀리면 상대방이 가져갑니다.

5 카드가 없어질 때까지 게임을 진행하고, 카드를 많이 모은 사람이 이깁니다.

가위 바위 보

확인학습

● 수 배열표를 보고 물음에 답하세요.

1	2	3	4	5	6	7	8	9	10
11	12	13	14	15	16	17	18	19	20

1 수 배열표에서 홀수를 찾아 빨간색으로 색칠하고, 아래 빈칸에 해당하는 수를 모두 쓰세요.

_____ , _____ , _____ , _____ , _____ , _____ , _____ , _____ , _____

2 수 배열표에서 짝수를 찾아 파란색으로 색칠하고, 아래 빈칸에 해당하는 수를 모두 쓰세요.

_____ , _____ , _____ , _____ , _____ , _____ , _____ , _____ , _____

3 수 배열표에서 12보다 1 작은 수에 △표 하세요.

4 수 배열표에서 15보다 1 큰 수에 ○표 하세요.

5 3보다 크고 10보다 작은 수에는 무엇이 있는지, 모두 찾아서 써보세요.

_____ , _____ , _____ , _____ , _____

● 책상 위의 책들을 2개씩 묶어보고, 책이 모두 몇 묶음, 몇 권인지 세어보세요.

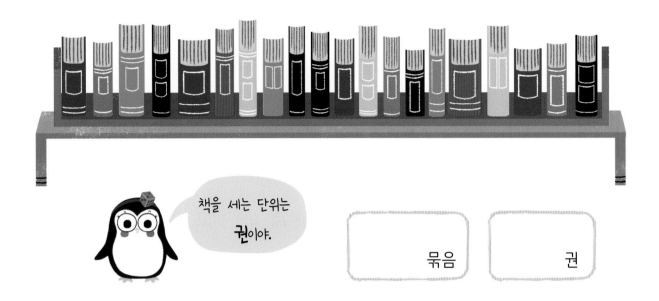

책을 세는 단위는 **권**이야.

	묶음		권

● 어항 안에 물고기를 2마리씩 묶어보고, 물고기가 모두 몇 마리인지 세어보세요.

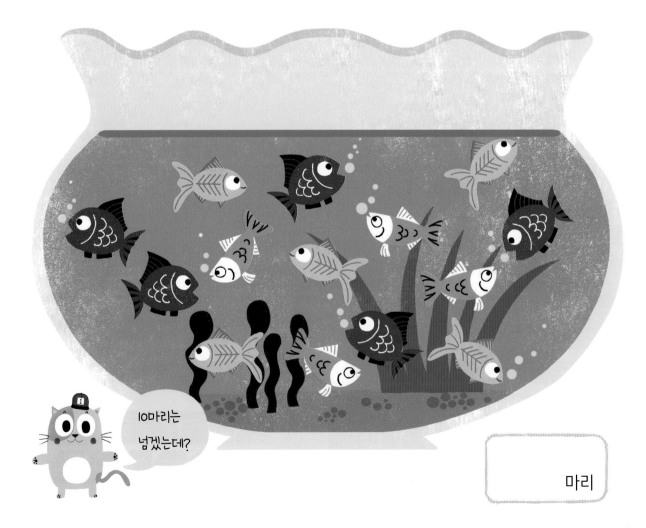

10마리는 넘겠는데?

	마리

원숭이가 나무를 내려가려고 합니다. 원숭이가 지나가는 칸의 숫자를 색칠해주세요.

홀수만 색칠해주세요.

짝수만 색칠해주세요.

1부터 2칸씩 내려갈래!

1
2
3
4
5
6
7
8
9
10

1
2
3
4
5
6
7
8
9
10

1
2
3
4
5
6
7
8
9
10

PLUS-UP 도전!

● 다음 그림에서 수의 규칙을 찾아 빈칸에 **알맞은 수**를 쓰세요.

● 냥이가 막대 과자 **6개를** 사서 **2개씩** 친구들에게 **나누어 주려고** 합니다.
몇 명의 친구들에게 막대 과자를 줄 수 있을까요?

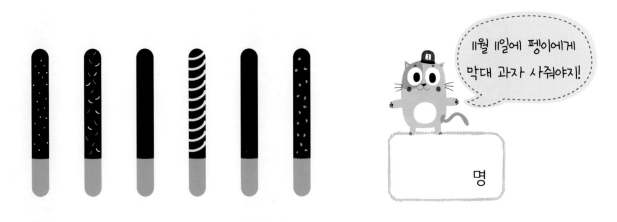

11월 11일에 펭이에게
막대 과자 사줘야지!

명

● 두 가지 색을 같은 개수로 색칠할 수 있는 모양은 A, B 둘 중 어떤 것일까요?

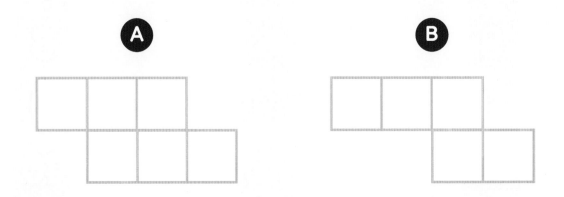

A   B

● 펭이와 냥이가 지우개를 **똑같이 나누어 가지려고** 합니다.
  몇 개씩 나누어 가지면 될까요?

넌 몇 개 가지고 있어?

너랑 똑같은 개수야.

개

● 다음 손가락을 보고 **홀수는** 모두 몇 개인지 쓰세요.

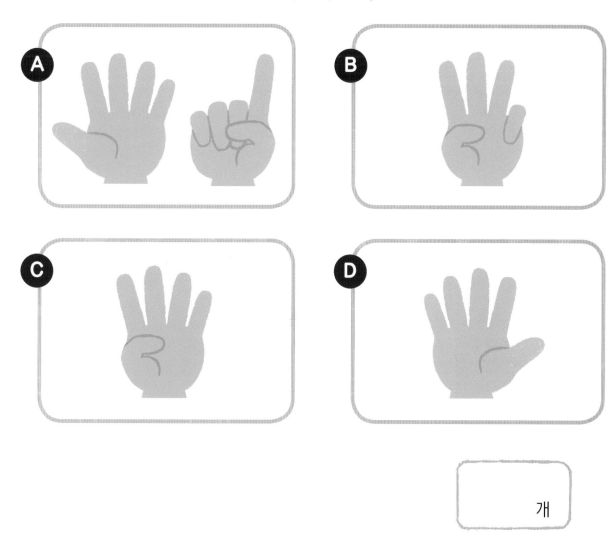

개

● 엄마 벌이 아기 벌들에게 꿀을 **똑같이** 나누어 주려고 합니다. 벌집 안의 수를 **같은 크기로 나눌** 때 빈칸에 알맞은 수를 써주세요.

● 냥이와 펭이가 사과를 똑같이 나누어 가졌더니, 펭이가 가진 사과가 5개가 되었습니다. 맨 처음 사과는 **모두 몇** 개였을까요?

개

● 수가 들어가면 일정한 규칙에 따라 나오는 수가 바뀌는 마법의 기계가 있다고 합니다. **규칙을 찾고, 빈칸에 알맞은 수를 쓰세요.**

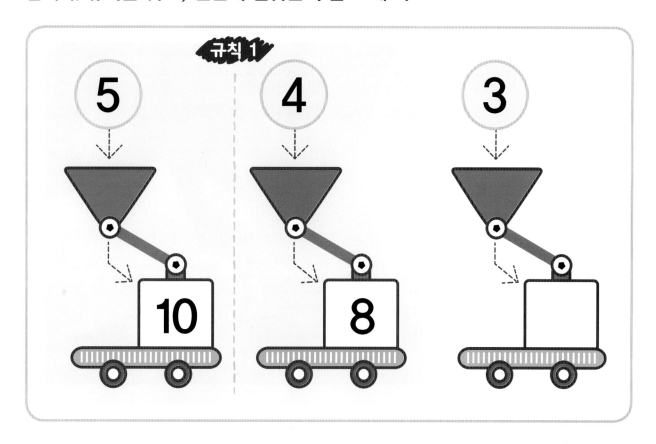

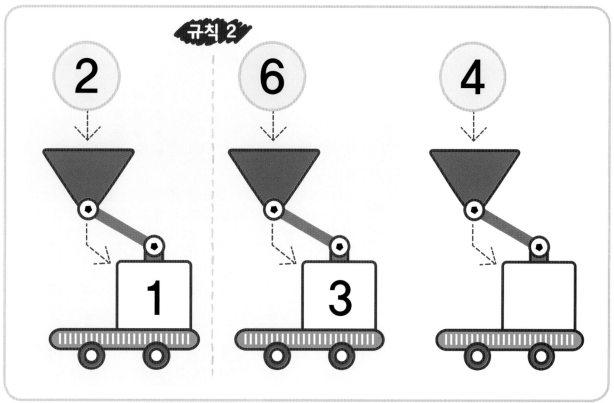

첫 번째 생각 열기

첫 번째 생각 열기

우주나라
알파벳 행성, 숫자 별

우주 공간에 우주인 냥이와 행성이 있습니다.
행성에는 토끼가 살고 있어요.
행성에 토끼가 몇 마리인지 개수를 세고,
지도 안 행성에 1부터 5까지 수 스티커를 붙여보세요.
어? 띠를 두른 초록 행성에는 토끼가 한 마리도 없네요.
냥이의 지도에 어떤 수 스티커를 붙여야 할까요? 활동북 1쪽
아무것도 없는 상태도 수로 표현할 수 있을까요?
이제 냥이, 펭이와 함께 알아보도록 해요.

나는 냥이!   난 펭이야.

10

0에서 5까지의 수 알아보기

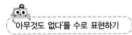
'아무것도 없다'를 수로 표현하기

빈 상자, 빈 접시처럼 '셀 수 있는 것이 하나도 없다'는 걸 나타낼 때는
숫자 0을 쓰고, "영"이라고 읽어요.

 0 영

 가운데가 동그랗게 뚫려 있어.
도넛 모양 같기도 하고, 훌라후프 모양 같기도 해!

● 빈칸에 0을 따라 써보세요.

0	0	0	0	0	0	0

12

● 수를 읽는 방법과 개수를 읽는 방법을 익히고, 알맞은 개수대로 사과 스티커를
붙여주세요. 활동북 1쪽

수	읽어보세요.	숫자가 나타내는 개수만큼 사과 모양 스티커를 붙여주세요.
0	영	
1	일	🍎
2	이	🍎 🍎
3	삼	🍎 🍎 🍎
4	사	🍎 🍎 🍎 🍎
5	오	🍎 🍎 🍎 🍎 🍎

● 1에서 5까지 수 쓰는 연습을 해보아요.

1, 2, 3은 연필을 떼지 않고
한 번에 쓸 수 있어?

1	1	1	1	1	1	1	1
2	2	2	2	2	2	2	2
3	3	3	3	3	3	3	3
4	4	4	4	4	4	4	4
5	5	5	5	5	5	5	5

13

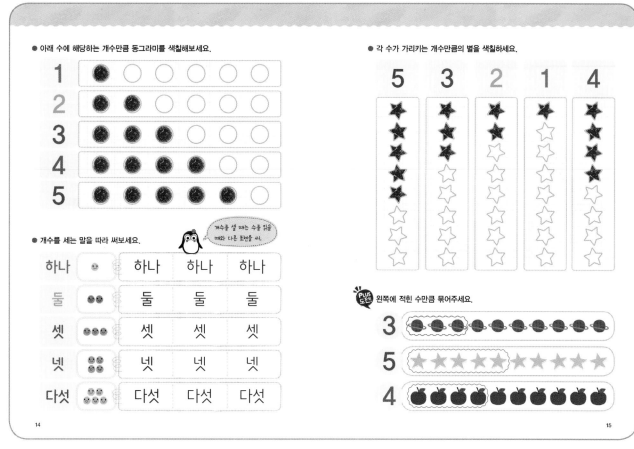

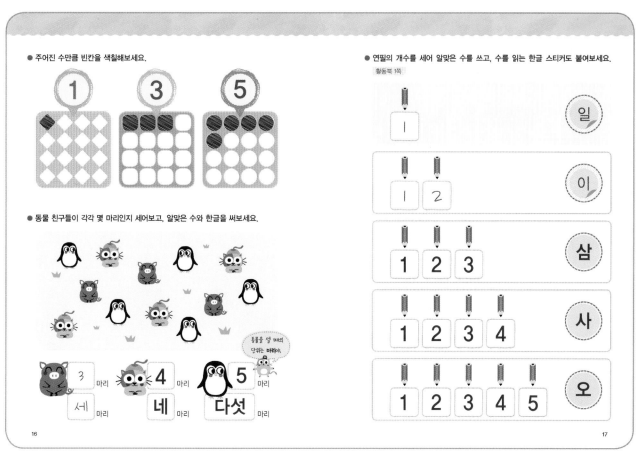

개념 탐구 2 0에서 5까지 수의 순서

펭이의 나이 수만큼 케이크에 양초 꽂기

펭이가 5살 생일을 맞이했어요. 냥이가 펭이의 생일 케이크를 준비했습니다. 펭이의 나이 수만큼의 양초를 케이크에 꽂을 거예요. 양초 스티커 5개를 붙여볼까요? 활동북 1쪽

● 케이크 5개가 있어요. 케이크에 쓰여진 수만큼 촛불 스티커를 붙여주세요.
활동북 1쪽

18   19

● 색칠한 칸의 수를 세어 아래에 알맞은 수를 써보세요.

개념 탐구 3 0에서 5까지 개수 세기

손가락으로 1에서 5까지 표현하는 방법 배우기

● 펼친 손가락의 개수를 세어 알맞은 수를 쓰세요.

● 네모 칸 속의 수만큼 손가락 개수를 세고, 해당하는 손가락의 손톱을 색칠해 보세요.

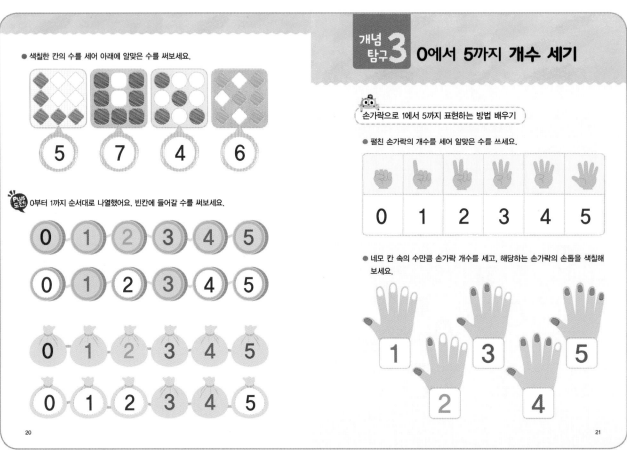

PLUS 도전 0부터 1까지 순서대로 나열했어요. 빈칸에 들어갈 수를 써보세요.

20   21

110

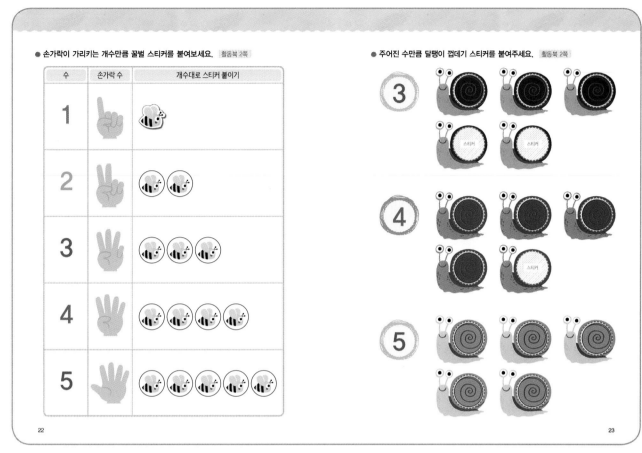

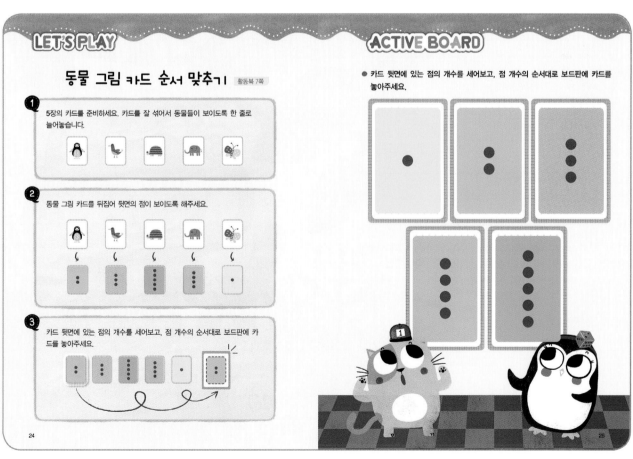

확인학습

1 몸통이 빨간색인 물고기는 모두 몇 마리입니까? 5마리

2 동물 친구들은 각자의 모자에 쓰인 수만큼 같은 종류의 물고기를 잡아야
해요. 다람쥐가 잡을 수 있는 물고기를 다람쥐 가장 가까이에서 찾아 묶어
주세요.

3 토끼는 물고기를 한 마리도 못 잡아서 울고 있어요. 토끼의 모자에는 어떤
수를 적어 넣을 수 있을까요? 0

4 울고 있는 토끼를 위해 미끼용 지렁이 3마리를 토끼의 낚시줄에 걸어주세
요. 지렁이 스티커를 사용하세요. 활동북 2쪽

26

● 책상 위의 사물들이 각각 몇 개씩 있는지 세어보고, 알맞은 수를 쓰세요.

● 0에서 5까지의 수를 순서대로 나열했어요. 빈칸에 알맞은 수를 쓰세요.

0	1	2	3	4	5

● 0에서 5까지의 수를 한글로 써보세요.

영	일	이	삼	사	오

27

두 번째 생각 열기

두 번째
생각 열기

수 정글 탐험하기

펭이와 냥이가 수 정글을 탐험하고 있어요.
정글에 6, 7, 8, 9, 10이 숨어있다고 해요.
숨어있는 수를 모두 찾아 동그라미 쳐보세요.

원숭이의 귀가
숫자 8 같이
생겼다고?

이파리를
잘 살펴봐!!

28

개념 탐구 1 10까지의 수 알아보기

쥐라기 공원에 공룡 수 세기

펭이와 냥이가 쥐라기 공원에 놀러왔어요. 다양한 공룡 친구들이 있어요.
각각 몇 마리인지 세어 아래에 알맞은 수를 써보세요.

여기에도 알이 있네!

공룡왕은 모두 몇 개지?

| 9 마리 | 7 마리 | 8 마리 | 10 개 |

30

왼쪽 그림의 개수를 세어 알맞은 수를 쓰고, 읽는 수와 세는 수를 한글로 써보세요.

⊙⊙⊙⊙	6	육	여섯
⊙⊙⊙⊙	7	칠	일곱
⊙⊙⊙⊙	8	팔	여덟
⊙⊙⊙⊙	9	구	아홉
⊙⊙⊙⊙	10	십	열

● 6부터 10까지 수를 한글로 읽고, 한글을 따라 써보세요.

6	육	육	육	육	육	육
7	칠	칠	칠	칠	칠	칠
8	팔	팔	팔	팔	팔	팔
9	구	구	구	구	구	구
10	십	십	십	십	십	십

31

● 그림 속 사물의 개수를 세어, 개수에 해당하는 수에 ○표 하세요.

🌱🌱🌱🌱🌱🌱🌱	6	⑦	8	9	10
🦐🦐🦐🦐🦐🦐	⑥	7	8	9	10
🌷🌷🌷🌷🌷🌷🌷🌷	6	7	⑧	9	10
🥔🥔🥔🥔🥔🥔🥔🥔🥔🥔	6	7	8	9	⑩
●●●●●●●●●	6	7	8	⑨	10

다음 글을 읽고, 글의 내용에 맞게 복숭아, 꽃, 도토리, 다람쥐 스티커를 알맞은 수만큼 붙이세요. 활동북 3쪽

복숭아 나무 아래 사슴 한 마리가 있고, 나무에 복숭아가 7개 있습니다. 들판에는 빨간 꽃 3송이가 피어있고, 다람쥐 2마리가 들판에 있는 도토리 6개를 먹고 있습니다.

32

● 0부터 10까지 순서대로 써보세요.

| 0 | 1 | 2 | 3 | 4 | 5 | 6 | 7 | 8 | 9 | 10 |

● 0부터 10까지의 수를 읽고 써보세요.

수	읽어보세요.	수를 쓰면서 읽어보세요.
0	영	0 0 0 0 0 0 0
1	일	1 1 1 1 1 1 1
2	이	2 2 2 2 2 2 2
3	삼	3 3 3 3 3 3 3
4	사	4 4 4 4 4 4 4
5	오	5 5 5 5 5 5 5
6	육	6 6 6 6 6 6 6
7	칠	7 7 7 7 7 7 7
8	팔	8 8 8 8 8 8 8
9	구	9 9 9 9 9 9 9
10	십	10 10 10 10 10 10 10

33

● 과일들이 각각 몇 개인지 세어보고 빈칸에 알맞은 수를 써보세요.

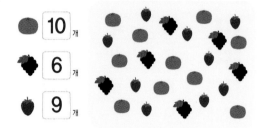

10 개
6 개
9 개

아래의 그림을 왼쪽의 수를 묶고, 남은 수를 세어 빈칸에 써보세요.

6 ... 1
7 ... 3
10 ... 1
9 ... 1
8 ... 4

해당하는 수만큼 점프하기

냥이가 왼쪽의 수만큼 오른쪽으로 한 칸씩 점프를 하려고 합니다. 한 칸씩 점프한 표시를 하고, 최종 도착한 수에 냥이 스티커를 붙여주세요. 0에서 출발합니다! 활동북 3쪽

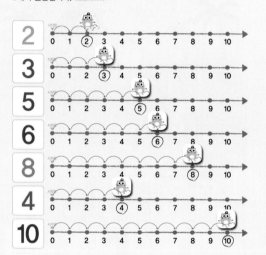

왼쪽에서 오른쪽으로 큰 수가 되도록 나열했어요. 빈칸에 알맞은 수를 쓰세요.

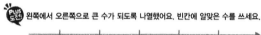

6 7 8 9 10
6 7 8 9 10
6 7 8 9 10

바구니에 수가 적힌 공이 담겨 있어요. 하나씩 꺼내어 작은 수부터 차례대로 쓰세요.

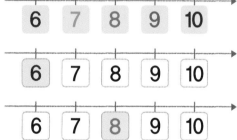

1 2 3 5 7 8 9
1 2 3 4 6 7 8

● 비눗방울에 수가 적혀 있어요. 작은 수부터 큰 수로 차례대로 연결해보세요.

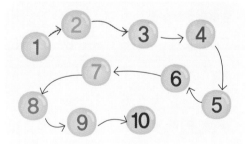

큰 수부터 작은 수가 되는 순서로 수를 나열했어요. 빈칸에 알맞은 수를 쓰세요.

10 9 8 7 6
6 5 4 3 2
7 6 5 4 3

114

개념 탐구 3 10까지 개수 세기

손가락으로 6에서 10까지 수를 표현하는 방법 배우기

손가락이 가리키는 개수만큼 꿀벌 스티커를 붙여보세요. 활동북 3쪽

수	손가락 수	개수
6		
7		
8		
9		
10		

● 왼쪽에 적힌 수만큼의 손톱을 예쁘게 칠해주세요.

7

10

9

38

39

● 빈칸에 들어갈 알맞은 수를 찾아 선으로 이어보세요.

| 8 | | 10 |
| 6 |

| | 7 | 8 |
| 7 |

| 8 | 9 | |
| 9 |

| 5 | 6 | |
| 10 |

| | 9 | 10 |
| 8 |

LET'S PLAY

손가락 숫자 카드 놀이 활동북 8쪽

1. 10장의 수카드를 가운데 두세요.

2. 가위바위보를 해서 이긴 사람부터 카드를 뒤집어요.

3. 카드에 나온 수에 맞는 손가락 개수를 빨리 내밀어요.

4. 알맞은 손가락 개수를 먼저 편 사람이 승자예요.

▼ 5번 게임을 하고 활동판에 승패를 기록하세요.

활동판

이름	1	2	3	4	5	승자

40

41

115

확인학습

● 1부터 10까지 수를 찾아서 같은 색을 가진 수끼리 같은 색으로 색칠해보세요.

42

● 빈칸에 1부터 10까지 차례로 알맞은 수를 쓰세요.

| 1 | 2 | 3 | 4 | 5 | 6 | 7 | 8 | 9 | 10 |

| 10 | 9 | 8 | 7 | 6 | 5 | 4 | 3 | 2 | 1 |

PLUS도전! 1부터 10까지 수를 거꾸로 써보세요.

10	9	8	7	6	5	4	3	2	1
10	9	8	7	6	5	4	3	2	1
10	9	8	7	6	5	4	3	2	1

PLUS도전! 접시 위의 과일을 주어진 수만큼 묶고, 남은 과일 개수를 ○안에 쓰세요.

3 → 7

4 → 6

43

확인학습

● 수의 순서대로 점선을 이어 그림을 완성해보세요.

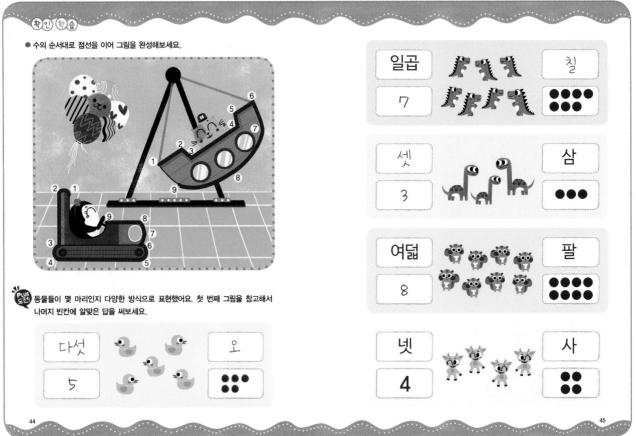

PLUS도전! 동물들이 몇 마리인지 다양한 방식으로 표현했어요. 첫 번째 그림을 참고해서 나머지 빈칸에 알맞은 답을 써보세요.

| 다섯 | | 오 |
| 5 | | ●●● ●● |

| 일곱 | | 칠 |
| 7 | | ●●●● ●●● |

| 셋 | | 삼 |
| 3 | | ●●● |

| 여덟 | | 팔 |
| 8 | | ●●●● ●●●● |

| 넷 | | 사 |
| 4 | | ●● ●● |

44

45

● 숫자 0은 연필을 떼지 않고 처음과 끝이 연결되도록 한 번에 쓸 수 있습니다.
다음 중 0처럼 **처음과 끝을 한 번에 연결**해서 쓸 수 있는 수를 찾아 〇를 표시
해주세요.

● 다음 빈칸에 알맞은 말을 써보세요.

● 다음 그림에서 ☆모양은 △보다 **몇 개가 더 많습니까?** 5개

☆은 7개, △는 2개

● 주어진 수만큼 앞에서부터 차례로 〇를 그립니다. 빨간색 선의 오른쪽에 그려진
〇는 모두 **몇 개입니까?** 7개

● 다음에서 4를 나타내지 **않는** 것은 모두 **몇 개입니까?** 3개

● 다음 그림에서 초록으로 색칠된 칸은 모두 **몇 개입니까?** 5개

● 다음 빈칸에 차례로 수를 쓸 때, 맨 **오른쪽 칸에** 알맞은 수는 무엇입니까? 4

● 바구니에 과일이 3개씩 담겨있습니다. 그런데 어떤 바구니에는 과일이 6개 담겨
있습니다. 어떤 바구니인가요? 해당하는 바구니에 〇 표시를 하세요.

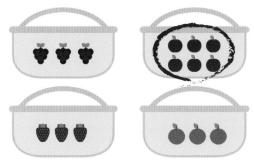

● 다음 수만큼 사과를 묶었을 때, 남는 사과는 **몇 개입니까?** 3개

● 다음 그림에서 숫자 1만 지워주세요. 2는 **몇 개가** 남아있습니까? 3개

● 점이 그려진 카드가 한 쌍씩 있습니다. 오른쪽 카드의 점 개수가 왼쪽 카드의
점 개수보다 많은 카드는 모두 **몇 쌍입니까?** 3쌍

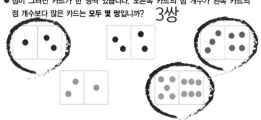

46

47

48

49

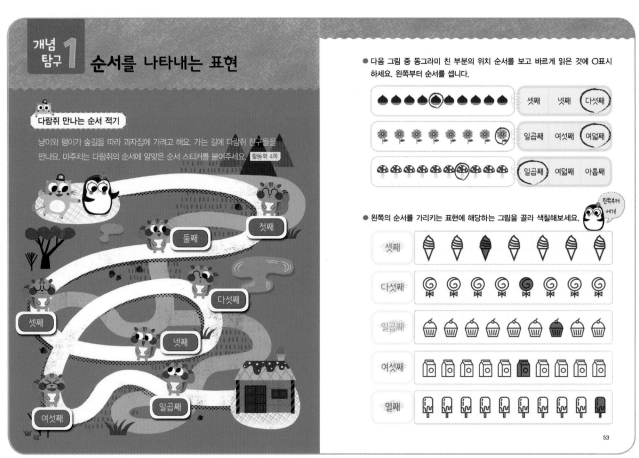

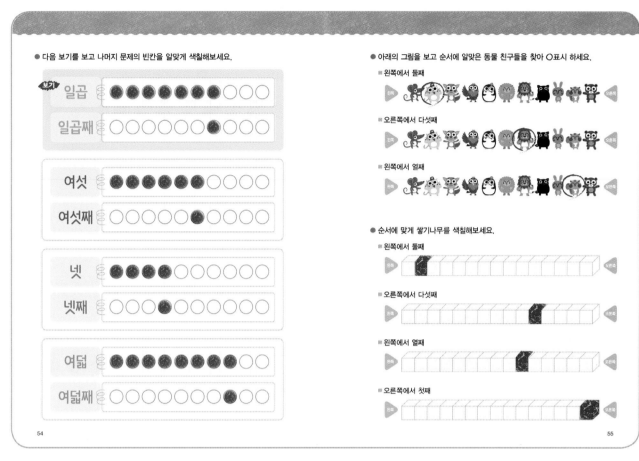

냥이가 친구들과 함께 줄을 서 있어요. 문제를 읽고 냥이의 위치를 찾아 스티커를 붙이고, 모두 몇 명이 서있는지 수를 쓰세요. 활동북 4쪽

해당하는 그림이 몇째인지 알맞은 순서 스티커를 찾아 붙여보세요. 활동북 4쪽

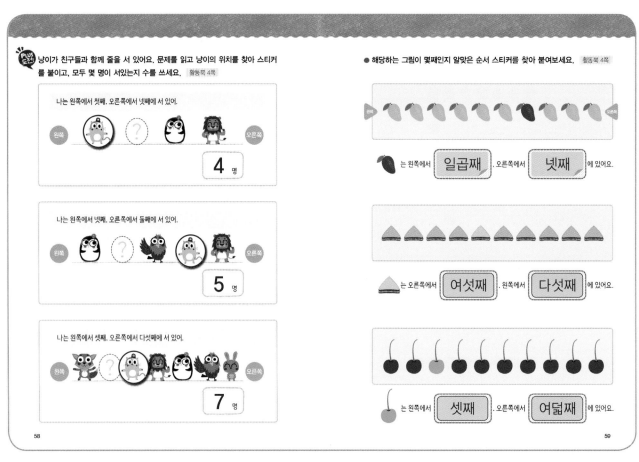

나는 왼쪽에서 첫째. 오른쪽에서 넷째에 서 있어.
왼쪽 ○ ? ○ ○ 오른쪽
4 명

나는 왼쪽에서 넷째. 오른쪽에서 둘째에 서 있어.
왼쪽 ○ ? ○ ○ ○ 오른쪽
5 명

나는 왼쪽에서 셋째. 오른쪽에서 다섯째에 서 있어.
왼쪽 ○ ? ○ ○ ○ ○ 오른쪽
7 명

는 왼쪽에서 | 일곱째 | . 오른쪽에서 | 넷째 | 에 있어요.

는 오른쪽에서 | 여섯째 | . 왼쪽에서 | 다섯째 | 에 있어요.

는 왼쪽에서 | 셋째 | . 오른쪽에서 | 여덟째 | 에 있어요.

58

59

개념탐구3 순서와 위치를 함께 나타내기

몇 층에 살고 있을까?

10층짜리 아파트가 있어요.
동물 친구들이 하는 말을 듣고,
친구들이 살고 있는 층에 해당하는
동물 스티커를 붙여보세요. 활동북 5쪽

난 맨 꼭대기층에 살아.

나는 2층에 살아

나는 독수리 바로 아래층 살아.

난 멩이네 바로 위층에 살아

난 5층에 살아

동물 친구들이 살고 있는 아파트 층을 보고, 순서를 확인하여 해당하는 스티커를 붙여보세요. 활동북 5쪽

는 아래에서 | 아홉째 | 에 삽니다.

는 아래에서 | 다섯째 | 에 삽니다.

는 아래에서 | 둘째 | 에 삽니다.

는 아래에서 | 열째 | 에 삽니다.

는 아래에서 | 여섯째 | 에 삽니다.

60

61

120

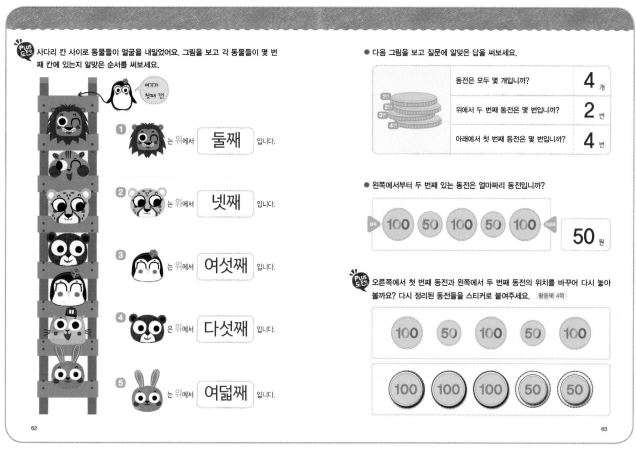

사다리 칸 사이로 동물들이 얼굴을 내밀었어요. 그림을 보고 각 동물들이 몇 번째 칸에 있는지 알맞은 순서를 써보세요.

여기가 첫째 칸!

① 는 위에서 **둘째** 입니다.

② 는 위에서 **넷째** 입니다.

③ 는 위에서 **여섯째** 입니다.

④ 은 위에서 **다섯째** 입니다.

⑤ 는 위에서 **여덟째** 입니다.

62

● 다음 그림을 보고 질문에 알맞은 답을 써보세요.

동전은 모두 몇 개입니까?	**4** 개
위에서 두 번째 동전은 몇 번입니까?	**2** 번
아래에서 첫 번째 동전은 몇 번입니까?	**4** 번

● 왼쪽에서부터 두 번째 있는 동전은 얼마짜리 동전입니까?

100 50 100 50 100   **50** 원

오른쪽에서 첫 번째 동전과 왼쪽에서 두 번째 동전의 위치를 바꾸어 다시 놓아 볼까요? 다시 정리된 동전들을 스티커로 붙여주세요. 활동북 4쪽

100 50 100 50 100

100 100 100 50 50

63

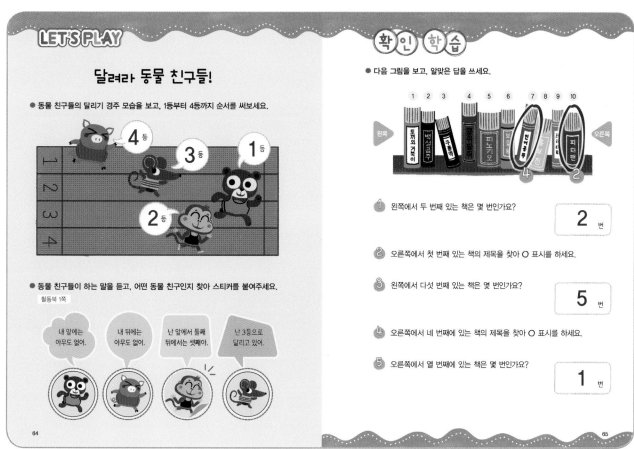

LET'S PLAY

달려라 동물 친구들!

● 동물 친구들의 달리기 경주 모습을 보고, 1등부터 4등까지 순서를 써보세요.

4등 **3**등 **1**등
2등

| 1 |
| 2 |
| 3 |
| 4 |

● 동물 친구들이 하는 말을 듣고, 어떤 동물 친구인지 찾아 스티커를 붙여주세요.
활동북 1쪽

내 앞에는 아무도 없어.

내 뒤에는 아무도 없어.

난 앞에서 둘째 뒤에서는 셋째야.

난 3등으로 달리고 있어.

64

확인 학습

● 다음 그림을 보고, 알맞은 답을 쓰세요.

1 2 3 4 5 6 7 8 9 10

왼쪽   오른쪽

④   ②

① 왼쪽에서 두 번째 있는 책은 몇 번인가요? **2** 번

② 오른쪽에서 첫 번째 있는 책의 제목을 찾아 ○ 표시를 하세요.

③ 왼쪽에서 다섯 번째 있는 책은 몇 번인가요? **5** 번

④ 오른쪽에서 네 번째에 있는 책의 제목을 찾아 ○ 표시를 하세요.

⑤ 오른쪽에서 열 번째에 있는 책은 몇 번인가요? **1** 번

65

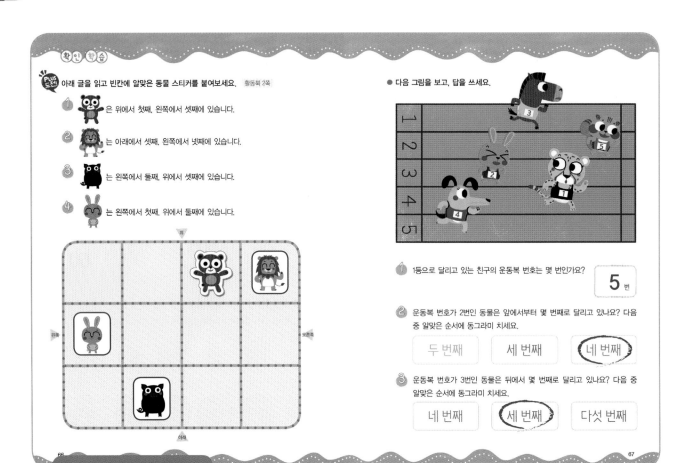

확인 학습

PLUS 도전! 아래 글을 읽고 빈칸에 알맞은 동물 스티커를 붙여보세요. 활동북 2쪽

① 은 위에서 첫째, 왼쪽에서 셋째에 있습니다.

② 는 아래에서 셋째, 왼쪽에서 넷째에 있습니다.

③ 는 왼쪽에서 둘째, 위에서 셋째에 있습니다.

④ 는 왼쪽에서 첫째, 위에서 둘째에 있습니다.

● 다음 그림을 보고, 답을 쓰세요.

① 1등으로 달리고 있는 친구의 운동복 번호는 몇 번인가요? **5** 번

② 운동복 번호가 2번인 동물은 앞에서부터 몇 번째로 달리고 있나요? 다음 중 알맞은 순서에 동그라미 치세요.
두 번째 · 세 번째 · (네 번째)

③ 운동복 번호가 3번인 동물은 뒤에서 몇 번째로 달리고 있나요? 다음 중 알맞은 순서에 동그라미 치세요.
네 번째 · (세 번째) · 다섯 번째

네 번째 생각 열기

네 번째 생각 열기

별을 따자!

밤하늘에 별이 가득해요.
토끼가 별을 세었어요.
세다보니 별이 너무 많아서 수 세기가 점점 어려워졌어요.
그래서 10개씩 묶어서 세 보기로 했어요.
연필로 별을 10개씩 묶어보세요.
10개 묶음을 만들고 남은 별은 몇 개인가요? 5개
밤하늘의 별은 전부 몇 개 일까요? 15개

개념 탐구 1 · 20까지의 수와 10묶음

11부터 15까지 익히기

10개를 모아 묶은 것을 **10묶음**이라고 합니다.

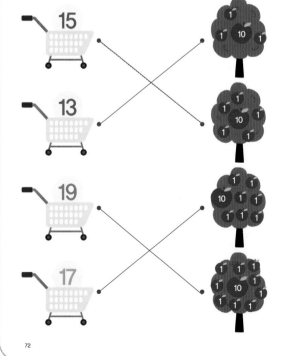

수	읽어보세요.	10묶음으로 표현해보세요.
11 10 더하기 1	십일	
12 10 더하기 2	십이	
13 10 더하기 3	십삼	
14 10 더하기 4	십사	
15 10 더하기 5	십오	

70

16부터 20까지 익히기

수	읽어보세요.	10묶음으로 표현해보세요.
16 10 + 6	십육	
17 10 + 7	십칠	
18 10 + 8	십팔	
19 10 + 9	십구	
20 10 + 10	이십	

더하기를 +로 표시할 수 있는 거 알아?

혹시 몰랐어도 괜찮아. 그건 다음 권 연산에서 자세히 배워보자.

71

● 장바구니에 담아야 할 사과의 개수가 적혀있어요. 사과나무에 열린 사과 수를 보고, 알맞은 바구니를 선으로 이어주세요.

15

13

19

17

72

● 보기와 같이 과일이나 채소를 10개씩 묶은 다음, 빈칸에 알맞은 수를 써보세요.

보기

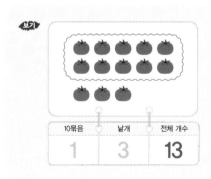

10묶음	낱개	전체 개수
1	3	13

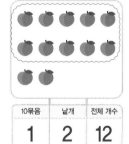

10묶음	낱개	전체 개수
1	2	12

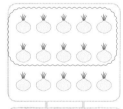

10묶음	낱개	전체 개수
1	5	15

73

123

10묶음	낱개	전체 개수
1	4	14

10묶음	낱개	전체 개수
1	3	13

● 구슬을 10개씩 묶어 한 묶음을 만드세요. 10묶음의 개수, 남아있는 낱개 구슬의 개수 그리고 전체 구슬의 개수를 써보세요.

10묶음	낱개	전체 개수
1	2	12

10묶음	낱개	전체 개수
1	3	13

10묶음	낱개	전체 개수
1	5	15

74

개념탐구 2 · 1부터 20까지 수의 순서

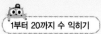
1부터 20까지 수 익히기

1	2	3	4	5	6	7	8	9	10
11	12	13	14	15	16	17	18	19	20

● 11부터 20까지의 수를 읽고 써보세요.

수	읽어보세요.	수를 쓰면서 읽어보세요.			
11	십일	11	11	11	11
12	십이	12	12	12	12
13	십삼	13	13	13	13
14	십사	14	14	14	14
15	십오	15	15	15	15
16	십육	16	16	16	16
17	십칠	17	17	17	17
18	십팔	18	18	18	18
19	십구	19	19	19	19
20	이십	20	20	20	20

75

● 10개씩 묶어주세요. 그리고 아래 빈칸에 전체 개수를 써보세요.

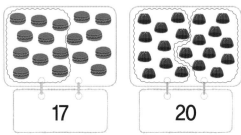

17   20

● 10개씩 묶은 다음, 전체 개수를 써보세요.

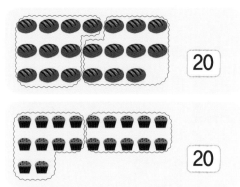

20

20

76

● 11에서 20까지 수를 순서대로 연결하여 길을 그려보세요.

● 순서대로 나열된 수예요. 빈칸에 들어갈 알맞은 수를 찾아 연결하세요.

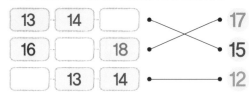

● 1부터 20까지 수를 순서대로 쓰려고 해요. 빈칸에 알맞은 수를 쓰세요.

77

124

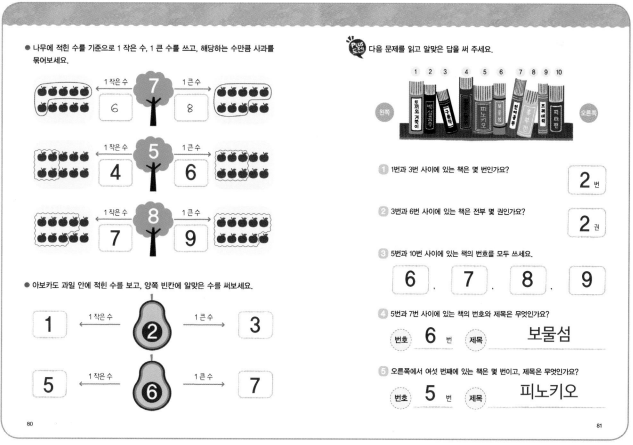

개념 탐구 3 사이의 수

기차 칸에 적힌 수 읽기

기차가 두 대 있어요. 그리고 두 대의 기차에 있는 열차 칸에 번호가 순서대로 기입되어 있어요.

① 기차 창문에 알맞은 수를 순서대로 써보세요.

② 펭이와 냥이의 자리가 어디인지 찾고, 각각 몇 번 칸에 있는지 말해 보세요.

펭이: 7번 칸, 냥이: 12번 칸

1 2 3 4 5 6 7 8 9 10

11 12 13 14 15 16 17 18 19 20

나는 앞에서 두 번째 칸에 있어.

그럼 나는 뒤에서 몇 번째 칸에 있을까?

● 가운데 수를 기준으로 1 작은 수와 1 큰 수를 쓰세요.

5 ←1 작은 수— 6 —1 큰 수→ 7

14 ←1 작은 수— 15 —1 큰 수→ 16

8 ←1 작은 수— 9 —1 큰 수→ 10

10 ←1 작은 수— 11 —1 큰 수→ 12

1 작은 수 | 1 큰 수
6 7 8

1 작은 수 | 1 큰 수
9 10 11

1 작은 수 | 1 큰 수
17 18 19

1 작은 수 | 1 큰 수
5 6 7

● 나무에 적힌 수를 기준으로 1 작은 수, 1 큰 수를 쓰고, 해당하는 수만큼 사과를 묶어보세요.

1 작은 수 **7** 1 큰 수
6 8

1 작은 수 **5** 1 큰 수
4 6

1 작은 수 **8** 1 큰 수
7 9

● 아보카도 과일 안에 적힌 수를 보고, 양쪽 빈칸에 알맞은 수를 써보세요.

1 ←1 작은 수— ②2 —1 큰 수→ 3

5 ←1 작은 수— ⑥6 —1 큰 수→ 7

PLUS 도전! 다음 문제를 읽고 알맞은 답을 써 주세요.

1 2 3 4 5 6 7 8 9 10

왼쪽 / 오른쪽

1 1번과 3번 사이에 있는 책은 몇 번인가요?
2 번

2 3번과 6번 사이에 있는 책은 전부 몇 권인가요?
2 권

3 5번과 10번 사이에 있는 책의 번호를 모두 쓰세요.
6 . 7 . 8 . 9

4 5번과 7번 사이에 있는 책의 번호와 제목은 무엇인가요?
번호 **6** 번 제목 **보물섬**

5 오른쪽에서 여섯 번째에 있는 책은 몇 번이고, 제목은 무엇인가요?
번호 **5** 번 제목 **피노키오**

LET'S PLAY

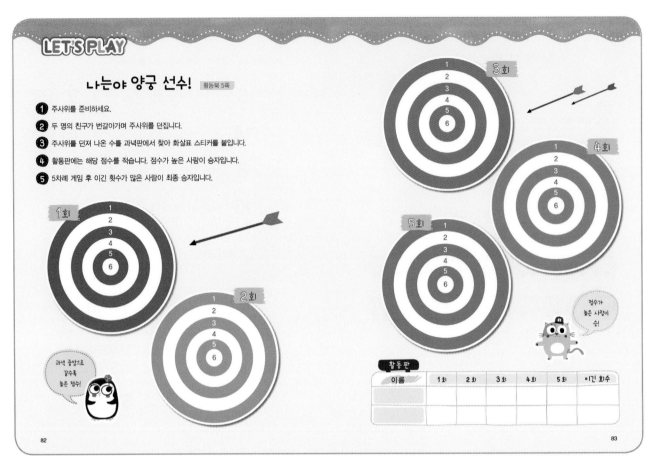

나는야 양궁 선수! 활동북 5쪽

1 주사위를 준비하세요.

2 두 명의 친구가 번갈아가며 주사위를 던집니다.

3 주사위를 던져 나온 수를 과녁판에서 찾아 화살표 스티커를 붙입니다.

4 활동판에는 해당 점수를 적습니다. 점수가 높은 사람이 승자입니다.

5 5차례 게임 후 이긴 횟수가 많은 사람이 최종 승자입니다.

이름	1회	2회	3회	4회	5회	이긴 회수

확인 학습

● 산타 할아버지가 밧줄을 타고 썰매를 타러 올라가야 해요. 밧줄을 타고 올라가는 중에 선물꾸러미 안에 있는 문제를 모두 풀어야 합니다.

선물 4 빈칸에 알맞은 수를 쓰세요.

10 - 11 - 12
15 - 16 - 17

선물 3 빈칸에 알맞은 수를 쓰세요.

1 작은 수		1 큰 수
18	19	20

선물 2 더 작은 수에 〇표 하세요.

17 20 9
13

선물 1 모두 합한 수가 얼마인지 쓰세요.

10 1
1   1   13

● 첫 번째 줄은 11부터 20까지, 두 번째 줄은 20부터 11까지 순서대로 알맞은 수를 써야 합니다. 빈칸에 알맞은 수를 쓰세요.

11	12	13	14	15	16	17	18	19	20

20	19	18	17	16	15	14	13	12	11

● 수가 적힌 큐브 그림을 보고, 빈칸에 알맞은 수를 쓰세요.

10묶음	낱개	전체 개수
1	1	11

10묶음	낱개	전체 개수
1	4	14

10묶음	낱개	전체 개수
1	2	12

경시대회 혼자서에 도전해보세요.

● 펭이와 냥이가 그림과 같이 과녁판에 화살을 쏘았습니다. 둘의 점수를 합하면 **총 몇 점일까요?**

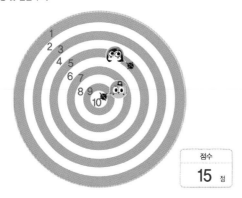

점수
15 점

● 다음 그림을 보고 빈칸에 **알맞은 수를** 쓰세요.

	10묶음	낱개	전체 개수
	1	8	18

	10묶음	낱개	전체 개수
	1	5	15

● 검은 바둑돌 10개가 들어있는 주머니 1개와 흰 바둑돌 2개가 있는 주머니가 있습니다. 바둑돌은 **모두 몇 개입니까?**

12 개

● 다음과 같이 쌓기나무로 쌓은 모양 5개가 있습니다. **쌓기나무 개수가 적은 것부터 많은 것으로 나열해보세요.** 쌓기나무 스티커를 이용하세요. 활동북 6쪽

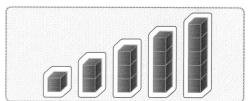

● 0에서 10까지의 수를 큰 수부터 작은 수가 되는 차례로 쓸 때, 두 번째 수는 무엇입니까?

0	1	2	3	4	5	6	7	8	9	10

9

● 동물 친구들이 달리기를 합니다. 셋째로 달리고 있는 동물 친구의 운동복 번호는 몇 번입니까? **1번**

● 동물 친구들이 한 줄로 서 있습니다. 펭이가 서 있는 위치는 앞에서부터 둘째, 뒤에서부터는 다섯째예요. 줄을 선 동물 친구들은 **모두 몇 명일까요?** **6명**

● 아래 그림에서 앞에서 첫째 칸에는 ○표, 뒤에서 첫째 칸에는 △를 표시할 때, ○과 △사이에 있는 칸은 몇 개입니까? **2개**

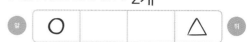

● 다음 수 카드 중에서 세 장을 뽑아 10을 만들려고 합니다. 10을 만들고 남은 수는 어느 것입니까? **4, 6**

● 도시락 한 통에 만두를 가득 채우면 10개가 들어갑니다. 나머지 도시락 한 통에 5개가 더 들어 있습니다. 만두는 **모두 몇 개입니까?**

15 개

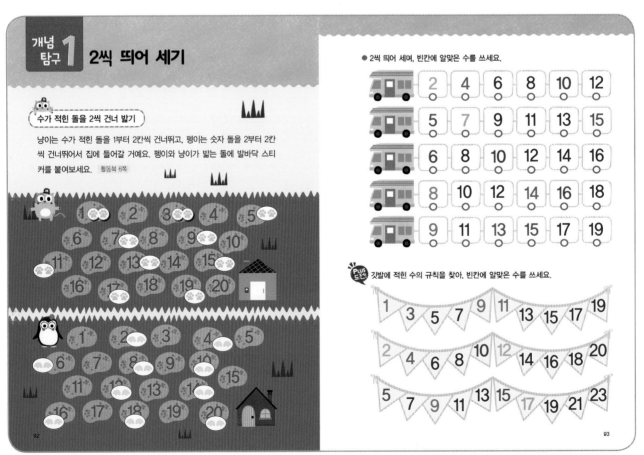

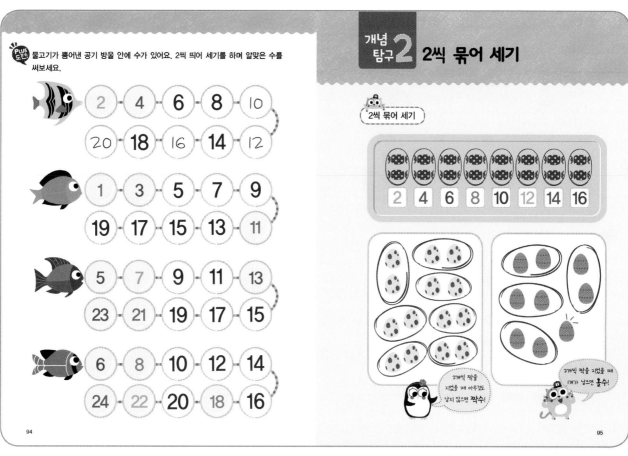

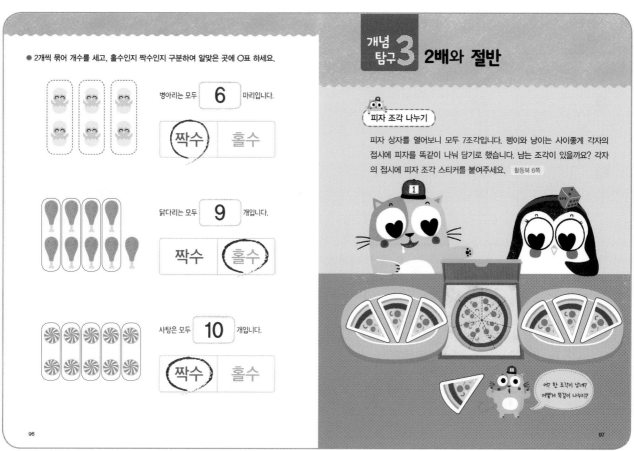

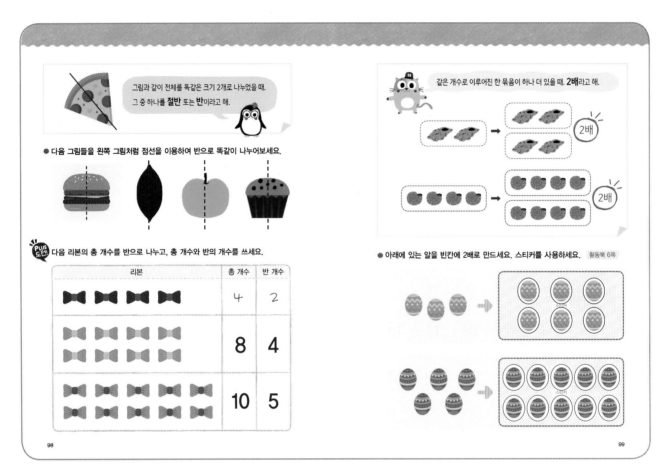

그림과 같이 전체를 똑같은 크기 2개로 나누었을 때, 그 중 하나를 **절반** 또는 **반**이라고 해.

● 다음 그림들을 왼쪽 그림처럼 점선을 이용하여 반으로 똑같이 나누어보세요.

Plus도전! 다음 리본의 총 개수를 반으로 나누고, 총 개수와 반의 개수를 쓰세요.

리본	총 개수	반 개수
	4	2
	8	4
	10	5

같은 개수로 이루어진 한 묶음이 하나 더 있을 때, **2배**라고 해.

2배

2배

● 아래에 있는 알을 빈칸에 2배로 만드세요. 스티커를 사용하세요.　활동북 6쪽

98　　　99

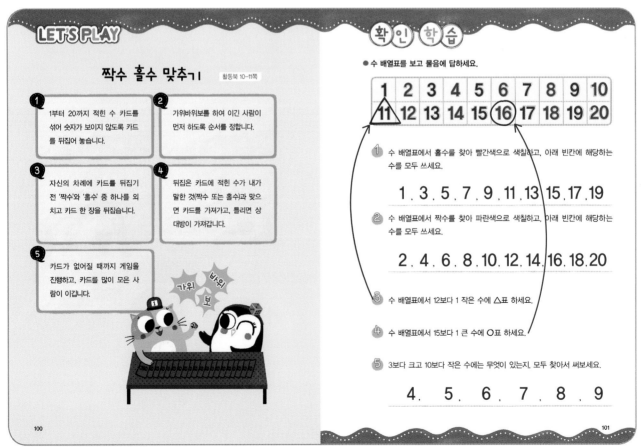

LET'S PLAY

짝수 홀수 맞추기　활동북 10~11쪽

1 1부터 20까지 적힌 수 카드를 섞어 숫자가 보이지 않도록 카드를 뒤집어 놓습니다.

2 가위바위보를 하여 이긴 사람이 먼저 하도록 순서를 정합니다.

3 자신의 차례에 카드를 뒤집기 전 '짝수'와 '홀수' 중 하나를 외치고 카드 한 장을 뒤집습니다.

4 뒤집은 카드에 적힌 수가 내가 말한 것(짝수 또는 홀수)과 맞으면 카드를 가져가고, 틀리면 상대방이 가져갑니다.

5 카드가 없어질 때까지 게임을 진행하고, 카드를 많이 모은 사람이 이깁니다.

가위　바위　보

확인학습

● 수 배열표를 보고 물음에 답하세요.

1	2	3	4	5	6	7	8	9	10
11	12	13	14	15	16	17	18	19	20

1 수 배열표에서 홀수를 찾아 빨간색으로 색칠하고, 아래 빈칸에 해당하는 수를 모두 쓰세요.

1 , 3 , 5 , 7 , 9 , 11 , 13 , 15 , 17 , 19

2 수 배열표에서 짝수를 찾아 파란색으로 색칠하고, 아래 빈칸에 해당하는 수를 모두 쓰세요.

2 , 4 , 6 , 8 , 10 , 12 , 14 , 16 , 18 , 20

3 수 배열표에서 12보다 1 작은 수에 △표 하세요.

4 수 배열표에서 15보다 1 큰 수에 ○표 하세요.

5 3보다 크고 10보다 작은 수에는 무엇이 있는지, 모두 찾아서 써보세요.

4 , 5 , 6 , 7 , 8 , 9

100　　　101

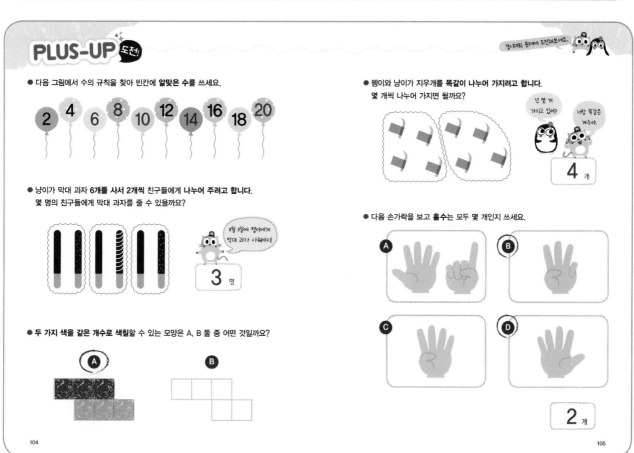

PLUS-UP 도전!

● 엄마 벌이 아기 벌들에게 꿀을 **똑같이** 나누어 주려고 합니다. 벌집 안의 수를 **같은 크기로 나눌 때** 빈칸에 알맞은 수를 써주세요.

● 냥이와 펭이가 사과를 똑같이 나누어 가졌더니, 펭이가 가진 사과가 5개가 되었습니다. 맨 처음 사과는 모두 **몇 개**였을까요?

펭이랑 나랑 같은 개수의 사과를 가지고 있어.

맛있겠다!

10 개

● 수가 들어가면 일정한 규칙에 따라 나오는 수가 바뀌는 마법의 기계가 있다고 합니다. **규칙을 찾고,** 빈칸에 알맞은 수를 쓰세요.

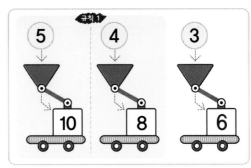

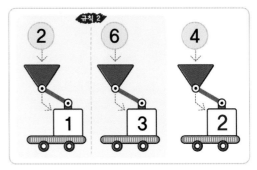

이야! 수학 문제 다 풀었다! 이제부터 난 수학 천재!

함께 하는 수학 공부 즐거웠니? 다음 권에서 또 만나자~!

논리 사고력과 창의력이 뛰어난 미래 영재를 키우는 시소 수학

진 짜 진 짜

킨더

사고력 수학

여수미 지음 | 신대관 그림

A 수 활동북
5~6세용

p. 11

p. 13

p. 17

이 삼
사 오

p. 64

p. 18–19

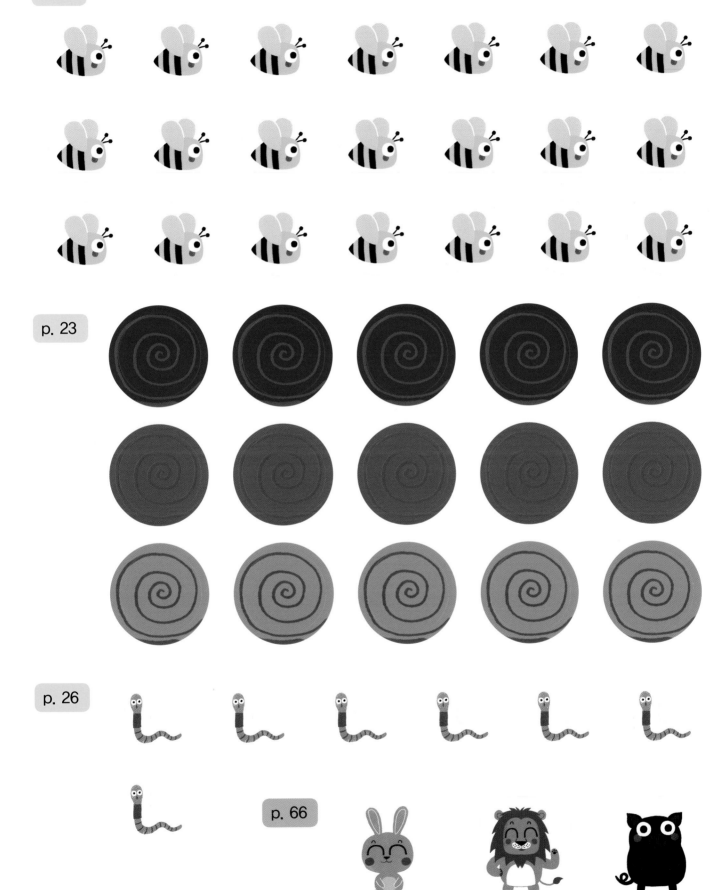

p. 22

p. 23

p. 26

p. 66

p. 32

p. 35

p. 38

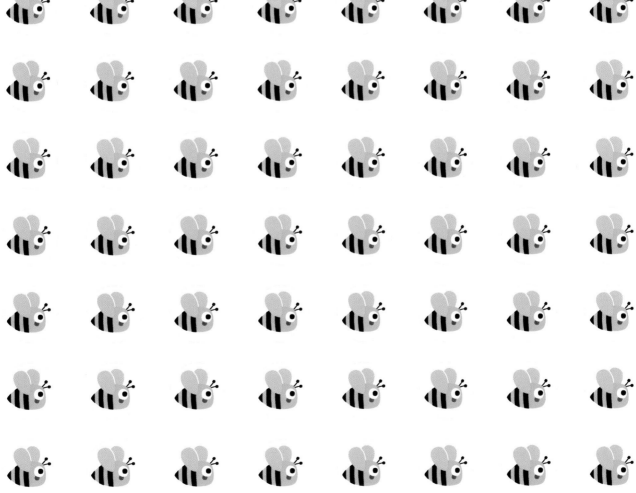

활동지 스티커

p. 50

1	2	3	4	5	6	7
8	9	10	11	12	13	14
15	16	17	18	19	20

p. 52

첫째   둘째   셋째   넷째

다섯째   여섯째   일곱째

p. 63

100

p. 58

100

p. 59

첫째	둘째	셋째
넷째	다섯째	여섯째
일곱째	여덟째	아홉째

100

50

50

p. 60

p. 61

| 첫째 | 둘째 | 셋째 | 넷째 | 다섯째 |
| 여섯째 | 일곱째 | 여덟째 | 아홉째 | 열째 |

p. 82

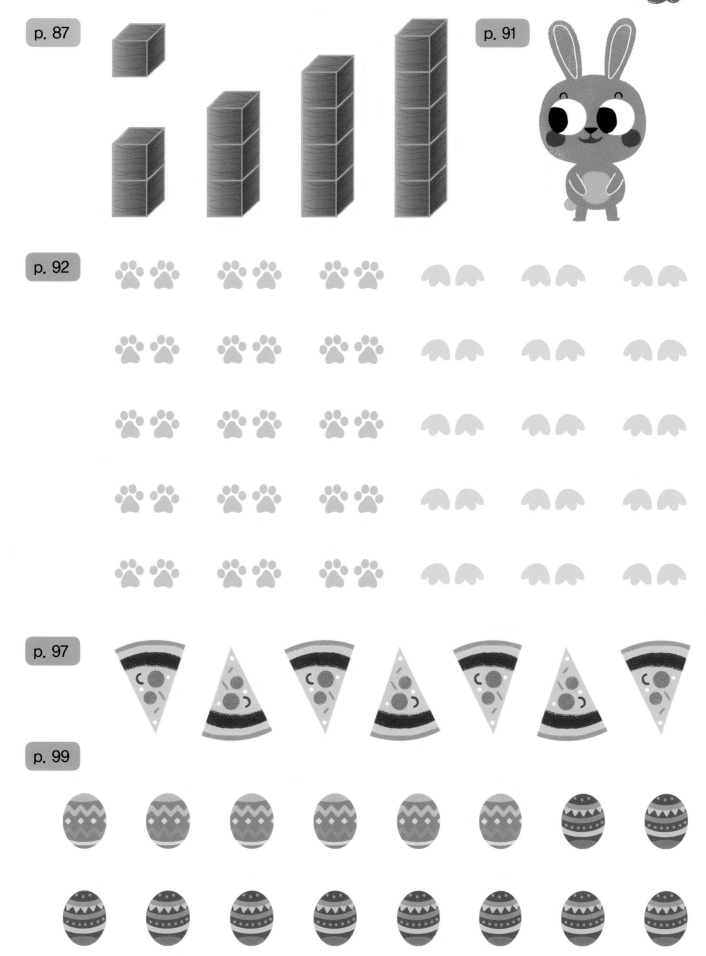

p. 87

p. 91

p. 92

p. 97

p. 99

p. 24

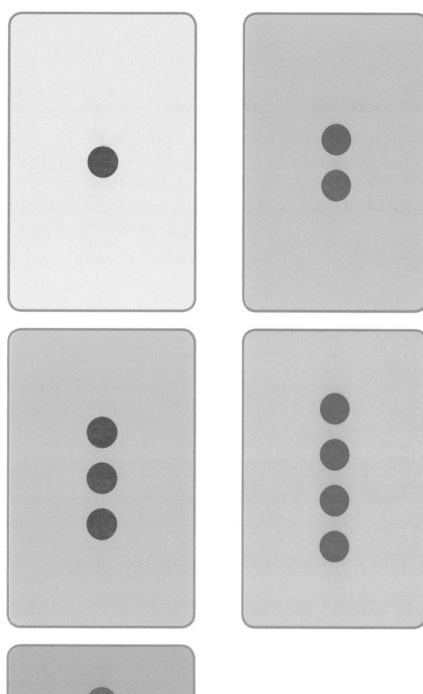

가위로 오려서
사용해.

─────── 오리는 선

활동지 오리기

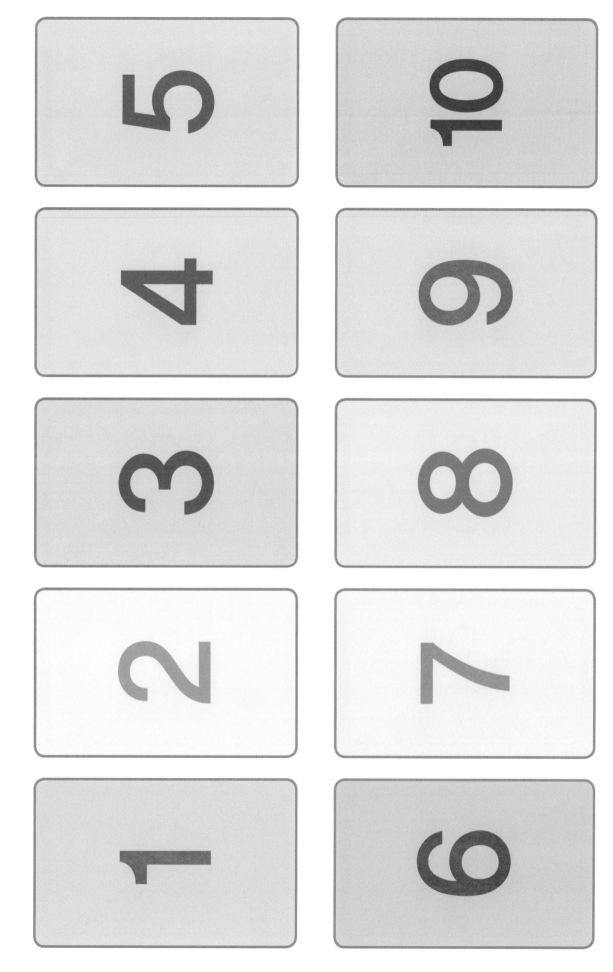

p. 56

주사위

펭이 말

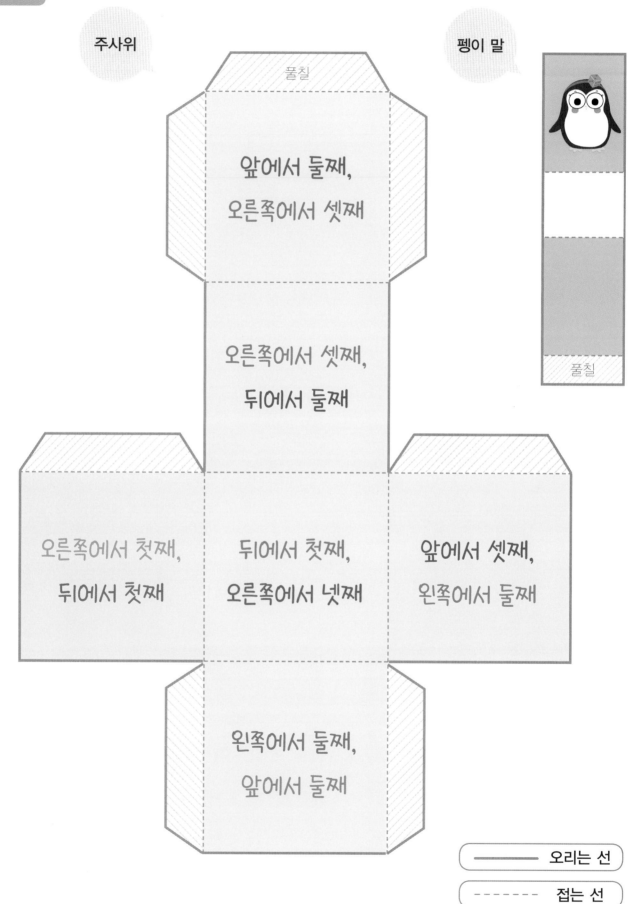

풀칠

앞에서 둘째,
오른쪽에서 셋째

오른쪽에서 셋째,
뒤에서 둘째

오른쪽에서 첫째,
뒤에서 첫째

뒤에서 첫째,
오른쪽에서 넷째

앞에서 셋째,
왼쪽에서 둘째

왼쪽에서 둘째,
앞에서 둘째

풀칠

자르는 선

————— 오리는 선

- - - - - 접는 선

p. 100

활동북 10

5

10

4

9

3

8

2

7

1

6

CARD

CARD

CARD

CARD

CARD

CARD

CARD

CARD

CARD

CARD

p. 100

15	20
14	19
13	18
12	17
11	16

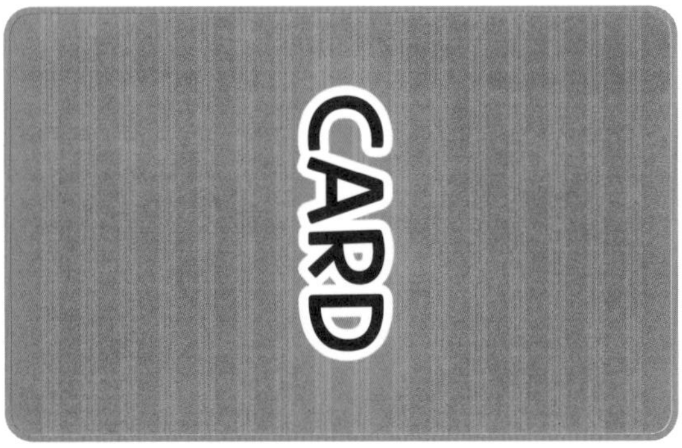
CARD
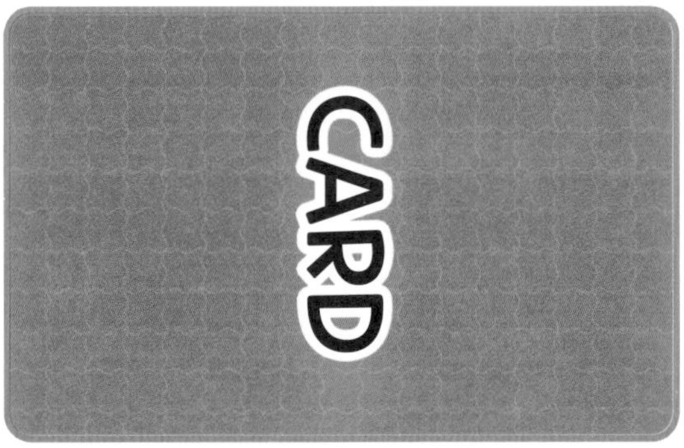
CARD
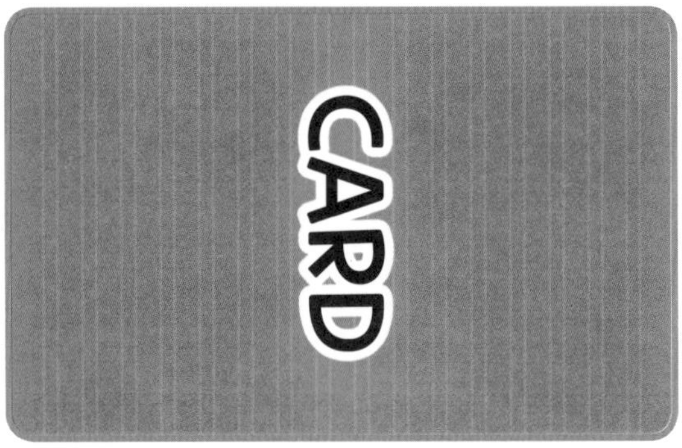
CARD
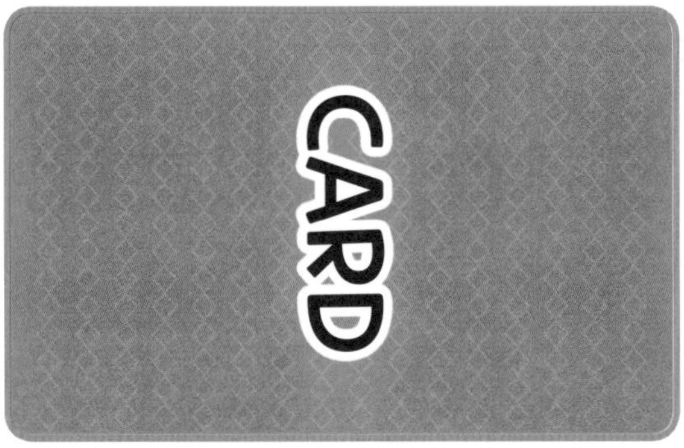
CARD
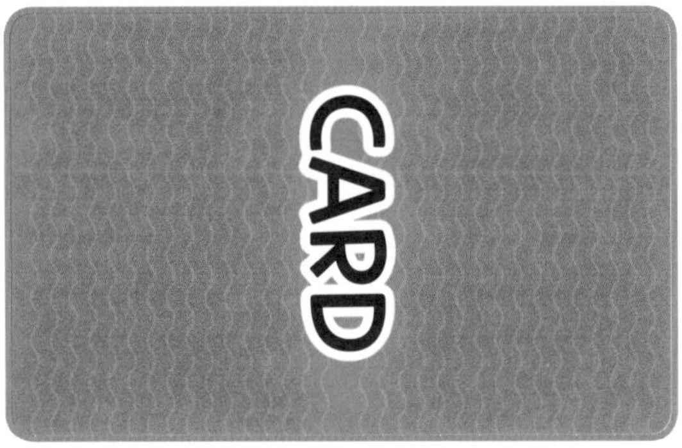
CARD
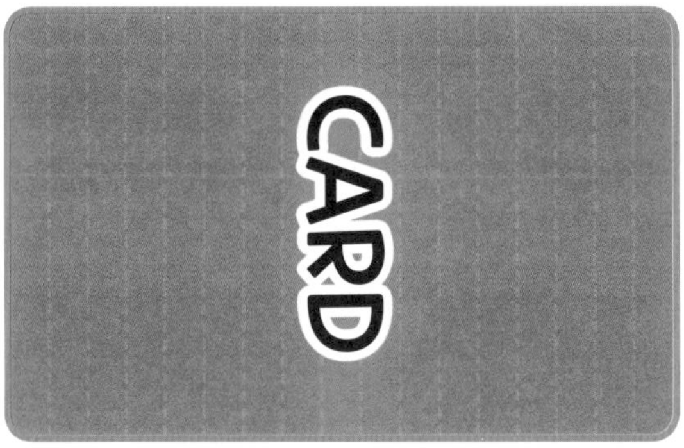
CARD
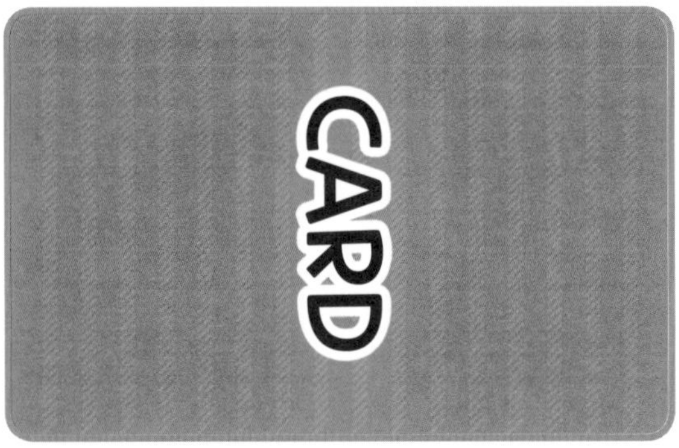
CARD
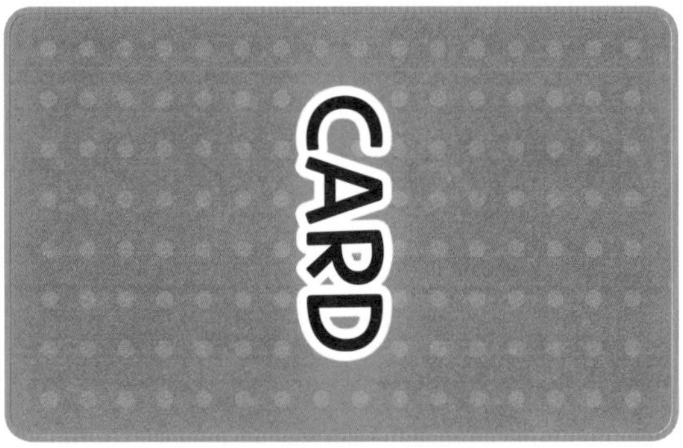
CARD
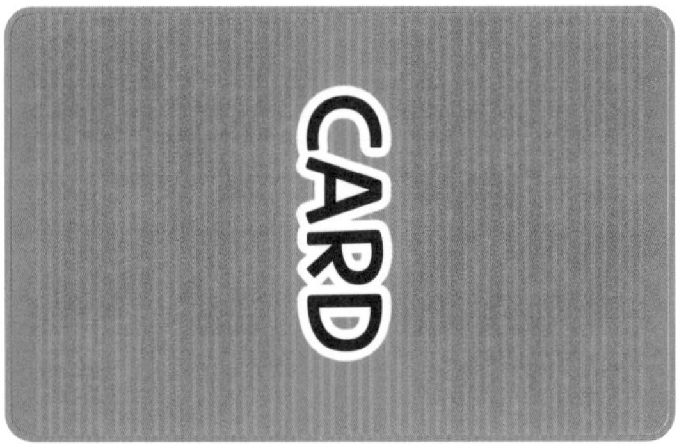
CARD
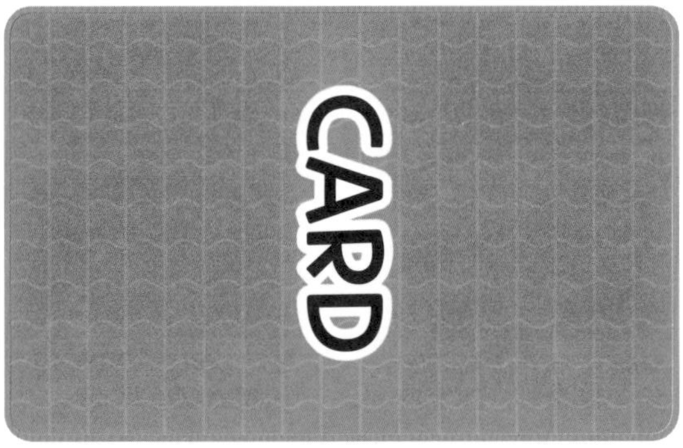
CARD